YOU PIN
JIAN YAN JI SHU

张丽萍 主编

油品检验技术

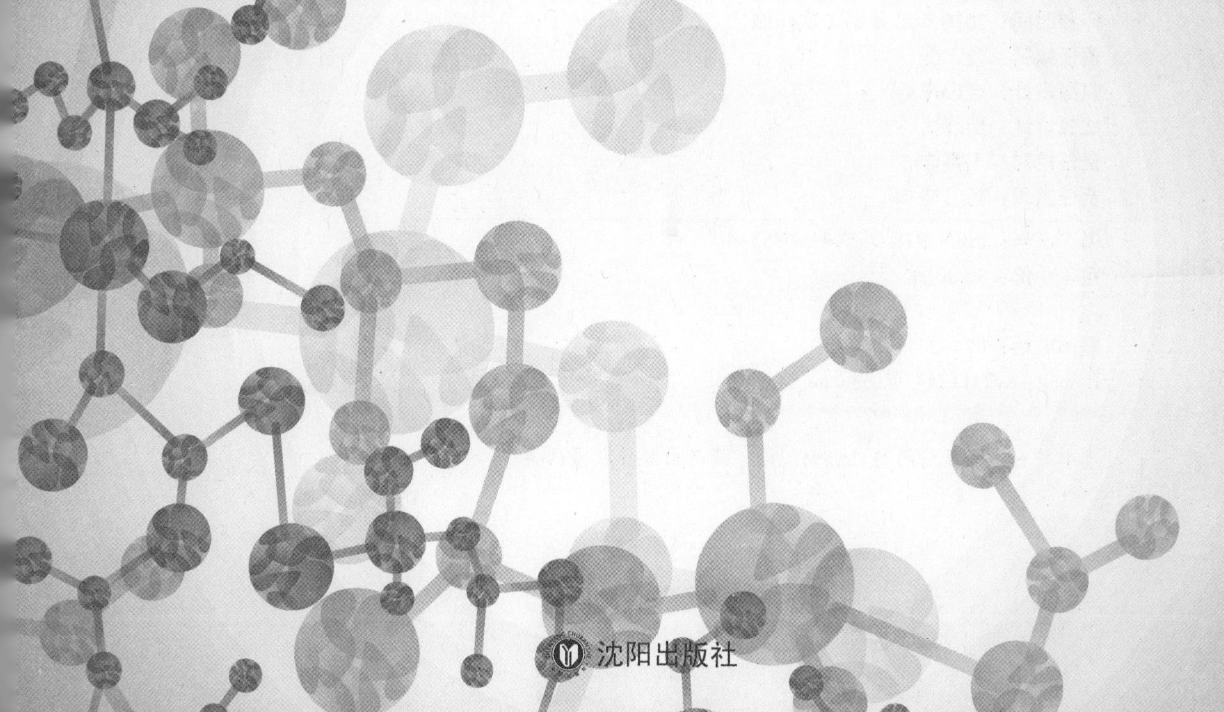

沈阳出版社

图书在版编目（CIP）数据

油品检验技术 / 张丽萍主编. — 沈阳 : 沈阳出版社,
2015.8
ISBN 978-7-5441-6885-4

Ⅰ. ①油… Ⅱ. ①张… Ⅲ. ①石油产品—检验—中等专业学校—教材 Ⅳ. ①TE626

中国版本图书馆 CIP 数据核字（2015）第 209011 号

出 版 者：沈 阳 出 版 社
（地址：沈阳市沈河区南翰林路 10 号　邮编：110011）
网　　址：http://www.sycbs.com
印 刷 者：沈阳鹏达新华广告彩印有限公司
发 行 者：沈阳出版社
幅面尺寸：185mm × 260mm
印　　张：9.75
字　　数：232 千字
出版时间：2016 年 2 月第 1 版
印刷时间：2016 年 2 月第 1 次印刷
责任编辑：杨　静
封面设计：琥珀视觉
版式设计：柴晓荷
责任校对：王喜洋
责任监印：杨　旭

书　　号：ISBN 978-7-5441-6885-4
定　　价：36.80 元

联系电话：024-24112447
E-mail：sy24112447@163.com

本书若有印装质量问题，影响阅读，请与出版社联系调换。

教材编制说明

交通运输工业的突飞猛进发展，带动和促进了石油工业的迅速发展，石油产品越来越多地深入到我们日常生活的各个领域。本书在系统阐述石油产品质量检验中的产品标准、实验方法、检测仪器、检测原理、检测系统的软硬件设计的基础上力求反映检测技术中的新思想、新技术、新方法和新仪器，应用了作者多年来从事石油产品检测方面教学和科研成果，以及进行企业调研的体会。油品检验技术是一门实践性很强的课程，内容与产品质量检验过程紧密结合，既要学习被检对象（产品）的特征，同时也要了解产品检验要求或产品标准、检验方法和数据分析处理，又要掌握产品质量检验仪器设计知识，具备产品质量检验、检验设计和管理的能力。本书在编写过程中重视理论与实际结合，在阐述基本概念的基础上，侧重讨论实际需要的检测手段和方法、检测系统开发中的具体方法与技巧，在各章中给出了相应的案例和插图，目的在于使读者通过学习解决质量检验、检测应用中的实际问题。

1. 课程目标

(1) 课程知识目标：通过本课程的教学，使学生系统获得石油产品检验的基本要求、检验手段等方面的知识；

(2) 课程能力目标：培养学生正确理解标准、正确执行标准的职业核心能力，具备油品产品质量检验的设计和应用能力；

(3) 课程素质目标：学生能够独立承担石油产品质量检验工作，并保证检验方法的科学性、数据的准确性，具备在企事业单位从事质量检验、分析的职业素养。

2. 基本形式

(1) 内容结构：油品检验技术是通用测试技术的应用，对石油产品按产品标准进行分析研究。所以本书首先从油品的生产开始介绍石油产品的分类命名、油品检验任务、相关标准要求，包括质量检验基础、测量误差基础以及修约规则等等。

(2) 表现形式：本教材以技术性强的实例介绍为主线，全书基本围绕石油产品质量检验的主线，介绍所需的知识内容，详细讲解针对产品测量要求，测试方法和检验手段如何实现，讲解中注重结合前续化学分析检测技术课程的一些基本内容，使之知识性、操作技术性与本课程衔接好，做到环环相扣。注重紧密联系实际，理论浅显易懂，使学生乐于学习和易于理解知识。

3. 实例的安排

在本书中，注重以案例向读者介绍和传递相关的技术，尤其我们最常接触的三大类燃油——汽油、柴油和喷气燃料（俗称煤油）的设计案例都是现在实际使用的，并配有大量的插图，加深对讲解内容的理解，并力求选用最先进的测试技术来介绍，具有代表性、技术领先性以及应用广泛性。润滑油在日常生活和生产中广泛应用，品种牌号名目繁多，在以前的教材中体现较少，通过编者走访调研，本书中介绍了相关内容。

4. 本书特色

本书的作者具有从事产品质量检验和课程教学的经验，以学生就业所需的专业知识和操作技能为着眼点，突出实用性和可操作性，让学生学而有用，学而能用。注重知识点与前续课程、知识点的衔接，将课程案例与前续课程的内容相融合，注重讲述知识点的综合运用，让学生充分理解前续课程内容的应用。本教材中所采用的实验方法及实验仪器均是与实际工作相一致的。

5. 读者对象

本书可供石油化工行业生产管理人员和石油产品储运、经营和应用技术人员使用，也可作为有关院校石油储运、油品应用、油品管理类专业的教学参考用书和石油化工企业员工的培训教材或参考书。

前 言

本教材是进行中等职业学校项目化教学模式改革过程中，沈阳市化工学校工业分析与检验专业为配合课程体系改革所开发的校本教材。该书根据教育部国家示范性中等职业学校建设计划，沈阳市化工学校重点专业建设发展的需要，工业分析与检验专业人才培养方案的要求，按照工业分析课程标准进行编写，适合中等职业学校工业分析与检验（或相关）专业教学使用。

本教材以实验为主体，教学过程主要以实验形式进行，并把技能所要求的理论知识融入其中。主要以实验室完成学习内容，通过课程项目化教学形式来完成课程。根据中等职业学校生源的文化基础特征和就业方向，以及就业单位的岗业需求，把原来理论教学为主、实践教学为辅的教学模式转化为项目化教学，以实践技术技能的培养为主，以理论知识指导实践，在实践中强化、运用理论知识，以保证教材的实用性和适用性，达到中职生学习的有效性要求。

本教材在编写过程中，以石油产品的检验标准、实验方法、检测仪器、检测原理、检测系统的软硬件设计为出发点，以汽油、柴油、喷气燃料和润滑油的检测这四个模块为引领，力求反映检测技术中的新思想、新技术、新方法和新仪器，依照相关国家检测标准和环境保护部标准，对企业生产中常见的油品检验手段进行了介绍。

本教材在绪论之外，主要内容分为两部分。第一部分为燃料油类，有三个项目，项目一“汽油”包括六个任务；项目二“柴油”包括七个任务；项目三“喷气燃料”包括四个任务。第二部分为润滑油类，有润滑油项目，包括四个任务。

本教材由张丽萍任主编，胡梦、牛华锋、袁金明任副主编。张丽萍负责编写汽油六个任务和柴油七个任务，胡梦参与项目“喷气燃料”中任务一、任务二的编写，牛华锋参与项目“喷气燃料”中任务三、任务四的编写，袁金明参与绪论编写，薛凤、付月、都丽萍、崔方、王立宁、孙相本、于亚楠参与润滑油项目四个任务的编写及整理，由都丽萍担任校对。企业专家脱锐指导编写并审阅了全书，提出了宝贵的意见和建议。本地众多企业为教材编写提供了企业调研及大量相关素材。教材在编写过程中借鉴了国内相关资料，也得到了相关领导和同行们的大力支持和帮助，编者在此一并表示感谢。本书经过校教材编写委员会审核批准使用。

编　者

2015 年 8 月

绪 论

第一部分　燃料油类

第二部分 润滑油类

绪 论

石油产品简称油品，随着科学技术的发展进步，油品在我们的日常生活中扮演着越来越多的角色，贯穿于衣食住行各个领域。因此，油品的质量与我们的生活息息相关。关注油品、关注油品质量、了解掌握油品检验方法是一项非常重要并且有意义工作。

石油是从地下开采出来的一种流动或半流动的黏稠状态液体，颜色多为黑色、褐色、或者暗绿色，少数呈现黄色。其组成元素主要有 C、H、O、N、S。其中 C 和 H 的质量分数合计约为 95%~99%。另外，由于原油的产地差异可能还含有 Cl、I、P、As、Si、Na、K、Ca、Mg、Fe、Ni、V 等元素，这些元素均以化合态的形式存在于石油中。非烃元素含量虽然很少，但对油品的质量影响很大，在油品的生产和精制过程中需要严格控制。

一、油品的分类

油品的分类方法很多，世界各国为了统一分类方法制定了国际标准 ISO/DIS 8681-1985《石油产品及润滑剂的分类方法和类别的确定》，我国与之呼应制定了国家标准 GB 498-87《石油产品及润滑剂的总分类》，该标准是根据油品的主要特征和用途将油品分为六大类，按各类油品的英文名称的首个英文字母确定该类别代号。各类别的含义详见表1。

表 1　石油产品的分类（GB 498-87）

类别	各类别的含义	英文名称
F	燃料	Fuels
S	溶剂和化工原料	Solvents and raw materials for the chemical industry
L	润滑剂和有关产品	Lubricants and related products
W	蜡	Waxes
B	沥青	Bitumen
C	焦	Coke

除了总分类，每种类别的油品还有具体的组别划分。

（一） 燃料

石油产品总分类中的燃料是指用来作为燃料的各种石油气体、液体，统称石油燃料。国家针对石油燃料有明确的分类方法，由国家标准 GB/T 12692.1-92《石油产品燃料类（F）分类 第一部分：总则》规定。石油燃料分为 4 组，各组别规定详见表 2。

表 2　石油燃料（F）分组（GB/T 12692.1−92）

组别代号	燃料类型
G	气体燃料：主要包括甲烷、乙烷或者由它们混合组成的石油气体燃料
L	液化气燃料：主要由丙烷、丙烯、丁烷和丁烯混合组成的石油气体燃料
D	馏分燃料：除液化石油气以外的石油馏分燃料，包括汽油、喷气燃料、煤油、和柴油。重质馏分油可含有少量蒸馏残油
R	残渣燃料：主要由蒸馏残油组成的石油燃料

（二）润滑剂和有关产品

润滑剂是一类重要的石油产品，几乎所有带有运动部件的机器都需要润滑剂。按外观形式分，包括润滑油和润滑脂——油状和膏状。按用途进行明确分组，由国家标准 GB/T 7631.1−87《润滑剂和有关产品（L）分类 第一部分：总分组》规定。润滑剂和有关产品分为 19 组，各组别规定详见表 3。

表 3　润滑剂和有关产品（L）分组

组别	用途	组别	用途
A	全损耗系统	P	风动工具
B	脱模	Q	热传导
C	齿轮	R	暂时保护防腐蚀
D	压缩机（包括冷冻机和真空泵）	T	汽轮机
E	内燃机	U	热处理
F	主轴、轴承和离合器	X	用润滑脂的场合
G	导轨	Y	其他应用场合
H	液压系统	Z	蒸气气缸
M	金属加工	S	特殊润滑剂应用场合
N	电气绝缘		

石油产品每一组别又有详细分类。以汽油为例，汽油又分为车用汽油、航空汽油、溶剂汽油等；车用汽油又分为无铅汽油、乙醇汽油等；具体到后面还有牌号，例如 93# 乙醇汽油、97# 乙醇汽油、95# 航空汽油、120# 溶剂汽油。

二、油品的命名

石油产品分类中采取统一的命名方法，整体以一组符合表示，一般形式如下所示：

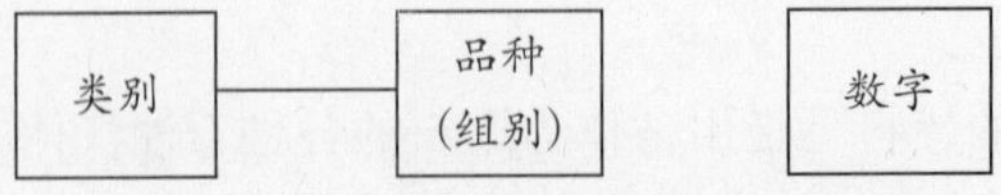

类别：石油产品和有关产品的类别，用表 1 中的一个字母表示，该字母应与其他符号用“−”间隔开。

品种：由一个或者一组字母组成，首个字母表示该石油产品的组别，用表 2、表 3 中的一个字母表示，其后面所跟随的字母单独存在无意义，其含义应该在有关标准分组或者品种的详细分类中给予明确规定。

数字：位于产品名称的最后，其含义应明确规定于有关产品标准中。

每种油品中数字的意义是不尽相同的，例如：汽油牌号中的数字 93#、95#、97# 是代表它的辛烷值。柴油中的数字 0#、25# 是代表它的耐温度等级。喷气燃料中的数字 1#、2#、3# 代表它的生产工艺过程方法。润滑油中的数字往往代表指定条件下润滑油的黏度等级。

石油产品名称的举例：

【例一】请说明 L-G68 中各符号的意义。

L——润滑剂（见表 1）；

G——导轨油（见表 3）；

68——黏度等级（GB/T 3141《工业液体润滑剂黏度分类》中规定）。

【例二】请说明 L-HL32 中各符号的意义。

L——润滑剂（见表 1）；

HL——液压系统（H）具有抗氧和防锈性能的精制矿物油；

32——黏度等级（GB/T 3141《工业液体润滑剂黏度分类》中规定）。

【例三】请说明 F-RMB10 中各符号的意义。

F——燃料（见表 1）；

RMB——残渣燃料（R 见表 2），船用残渣燃料油；

10——黏度等级。

三、实验报告

实验报告是对实验过程的综合描述，是对实验结果的客观评价。包括但不限于以下内容：实验目的、实验原理、实验方法、实验仪器和药品、实验数据及数据处理、实验结果报告等内容。要求准确及时反馈实验结果，字迹清楚，内容完善，表述准确，不得涂改和臆造数据或实验结果。

实验结果一项中应包括下列内容：

实验项目：实验项目名称；

样品名称：实验样品的商品名称，简单的外观性状描述；

样品编号：样品的生产批号，或者按规定编制的样品号码；

采样地点：据实填写；

采样时间：据实填写；

实验室温度：按实验室环境温度计填写；

实验室大气压：视情填写（根据需要）；

实验次数：据实填写；

实验仪器型号：按仪器标牌填写；

执行标准：根据样品实验项目确定，进行填写；

实验结果：通过实验取得的数据，结论；

实验人员：分组情况，合伙人。

四、油品检验技术前景

目前，人们对油品的需求与油品的供应形成一对尖锐的矛盾。一方面，人们对油品的数量和质量要求越来越高；另一方面，原油资源越来越少，可加工性能也越来越差。为了满足社会的需求，出现了一定数量的补充燃料或替代燃料，如来自于生物的汽油（乙醇汽油）、柴油（生物柴油）；来自于煤的煤基燃料（甲醇汽油、二甲醚汽油、煤直接液化燃料、煤间接液化燃料等）；来自于非常规原油资源（油砂、天然沥青、油页岩）的燃料。这些燃料有各自物性和组成上的特点，它们无论是直接用于汽车燃料，还是与常规油品混合后用于汽车燃料，都会对油品质量的控制带来一定的影响，同时，也会给油品分析技术带来很大的挑战。从事油品分析的技术人员必须了解这些油品的特性和组成分布的规律，及时制定相应的应对措施及方法。

在石油资源日益紧张的现在和将来，为了从分子水平上加工和使用好石油，就必须从分子水平上认识石油。因此复杂的分析技术的存在和发展是必要的。但是，作为反映石油产品质量的石油分析技术，由于其广泛性、方便性、规范化等方面的要求，发展方向应该有自己的特殊性。

首先，人类生活水平的提高，对石油产品质量提出了更高的要求，同时也对分析技术提出了挑战。例如，各种油品品种对硫的限制越来越严格。汽油中的硫由过去不允许超过0.15%（GB 484—1989）到现在不允许超过0.015%（GB 484—2009），将来还会进一步降低到0.001%，甚至0.0001%，这无疑会对技术人员的操作水平和仪器技术提出严峻挑战。另外，为了保证燃料高质量，将来可能出现一些新的指标对产品的质量进行控制。

其次，随着环境、车辆、用户对产品质量的要求越来越高，油品的质量也处在不断的升级变化之中，油品分析的方法也必须相应变化，以适应新的产品标准的要求。在油品分析技术的发展过程中，出现了对同一种性质有多种分析方法的情况。这就需要我们掌握一定的油品检验技术知识。

再次，人类的生活中人们不仅对石油的种类、数量要求越来越多，而且对石油的质量要求也越来越高。广义的油品分析技术应该包括更复杂的现代仪器分析技术，例如质谱、核磁共振、红外、气相色谱、高效液相色谱等，这些仪器分析方法以及由这些方法得到的分析数据，在石油加工催化剂和工艺的研究中发挥着重要的作用。一般实验室不进行这些分析，这是专业油品发展研究的范畴，留待以后学习。

油品的分析方法并不是一成不变的，随着人们对油品的各种性能认识的进一步深入，分析方法将朝着快速化、科学化、微量化、规范化的方向发展。从事油品分析的技术人员必须不断学习，了解分析方法的进展，并尽快掌握这些分析方法。随着计算机水平和制造水平的提高，分析仪器的小型化、快速化、智能化、自动化程度将会进一步提高。尽管这些变化可以减少油品检验数据对检验人员的依赖程度，但是掌握这些仪器的操作，了解实验原理，也需要油品检验技术人员具有较高的科学素养。这就是我们编制本教材的意义所在。

第一部分　燃料油类

项目一　汽油

任务一　汽油馏程的测定——石油产品蒸馏测定法

【项目描述】

石油产品主要是由多种烃类及少量烃类衍生物组成的复杂混合物，与纯液体不同，它没有恒定的沸点，其沸点表现为一个很宽的温度范围。油品在规定的条件下蒸馏，从初馏点到终馏点这一温度范围称为馏程。通常用初馏点，10%、50%、90%馏出温度及终馏点来评价。

本方法适用于天然汽油（稳定轻烃）、车用汽油、航空汽油、喷气燃料、特殊沸点的溶剂、石脑油、石油溶剂油、煤油、柴油、粗柴油、馏分燃料和相似的石油产品。

【项目学习目标】

①熟悉石油产品蒸馏的测量装置。

②了解石油产品蒸馏测定方法中的名词术语。

③掌握石油产品的初馏点，10%、50%、90%馏出温度，终馏点及干点的测量方法。

④掌握石油产品馏程的计算方法。

一、认识馏程测量装置

了解石油产品蒸馏测定仪的组成结构，了解各部分组成的名称、作用、清洗方法、连接方法及操作方法。馏程测定仪分为手动蒸馏测定和自动蒸馏测定两种。

1. 手动馏程测定装置由蒸馏烧瓶、冷凝器、冷浴、金属罩、围屏、加热器（可以是酒精喷灯、煤气喷灯、电炉子、加热套等能够提供需要的热源）、温度计、量筒、瓶塞。链接方法见图 1–1。

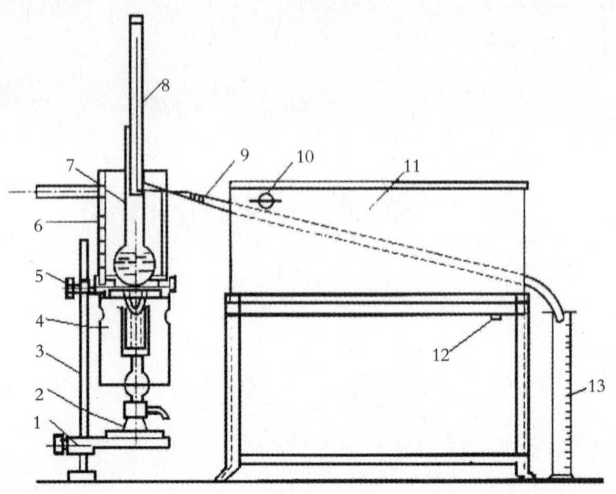

l. 托架；2. 喷灯；3. 支架；4. 下罩；5. 石棉垫；6. 上罩；7. 蒸馏烧瓶；
8. 温度计；9. 冷凝管；10. 排水支管；11. 水槽；12. 进水支管；13. 量管

图 1–1 蒸馏测定装置

①蒸馏烧瓶：用耐热玻璃制造，尺寸及形状见图 1–2，规格分为 100ml和 125ml两种。天然汽油采用 100ml 蒸馏烧瓶，其他均采用 125ml蒸馏烧瓶。

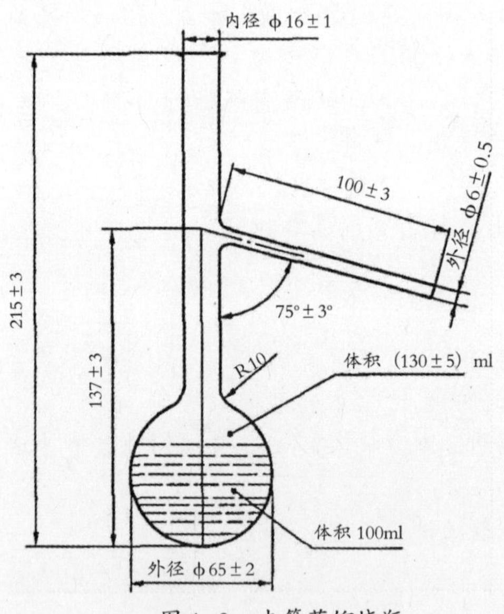

图 1–2 支管蒸馏烧瓶

②冷凝器(管)：冷凝管应由无缝铜管制成，长为 560mm，外径 14mm，壁厚 0.8mm ~ 0.9mm。其中在冷凝器内的铜管长约为 390mm，全部浸在冷却介质中。下端伸出部分稍偏后向下弯曲，其长 76mm，使管的末端能与在位的量筒在接受馏出液时与玻璃量筒顶部 25mm ~ 32mm 处相接触。

③冷浴：体积至少容纳 5.5l 冷却介质。冷凝管的中心线在入口处应该离冷浴顶部不少于 32mm，出口处应该离冷浴的底部不少于 19mm。

④金属罩：由厚度为 0.8mm 的金属板制成，用来隔离蒸馏烧瓶和加热器，避免与环境产生相互影响。

⑤围屏：同上。

⑥加热器：可以是酒精喷灯、煤气喷灯、电炉子、加热套等能够提供需要的热源。

⑦温度计：棒状水银玻璃温度计，测量范围 -2℃~300℃，最小分度值 1℃，浸入形式为全浸，总长度 381mm ~ 391mm，外径 6mm ~ 7mm。

⑧接收器（量筒）：容积 100ml，分度值为 1ml，接收器（量筒）的详细结构和公差见图 1-3。

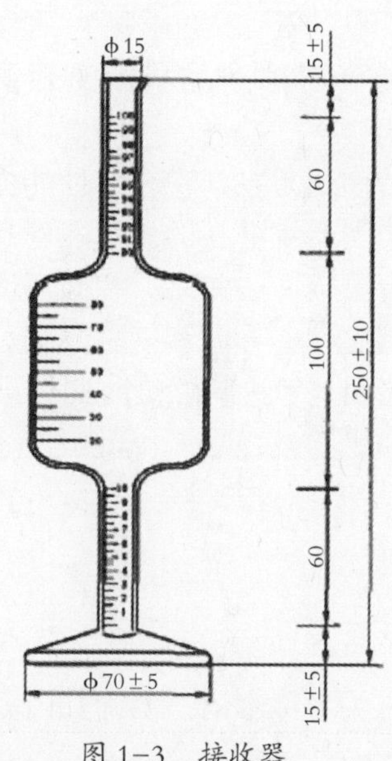

图 1-3　接收器

⑨瓶塞：软木塞或者硅酮橡胶塞。

2. 自动馏程测定装置由蒸馏烧瓶、温度计、主机和量筒组成，连接方法详见图 1-4。

图 1-4　自动馏程测定装置

目前，我国的石油产品生产企业及专业检验机构的石油产品蒸馏实验多使用自动蒸馏仪测定。蒸馏烧瓶、温度计、瓶塞和量筒的要求与手动相同。

[操作训练]

1. 玻璃仪器清洗。
2. 瓶塞打孔。
3. 实验装置安装。

知识拓展　石油产品蒸馏测定的意义用途

烃类的蒸馏（挥发分）特性通常在其安全和性能方面，特别是燃油和溶剂油，有重要的影响。挥发性是决定烃类产生潜在的爆炸蒸气趋势的主要决定因素。挥发性对车用汽油和航空汽油也是起着决定性的作用，在高温或高海拔地区或者两种情况都具备的条件下使用时，可以影响启动、升温和气阻趋势。在车用汽油、航空汽油和其他燃料中，高沸点组分的存在能明显地影响燃烧时固体沉淀物的形成程度。

二、相关名词术语

[任务描述]

熟悉石油产品蒸馏测定的有关名称术语，明确其内涵和物理意义，了解其相互关系。

1. 分解点

蒸馏烧瓶中液体开始呈现热分解时的温度计读数，以℃表示。

注：热分解时蒸馏烧瓶中出现烟雾，温度发生波动，即使调节加热，温度仍然明显下降。

2. 干点

蒸馏烧瓶中最低点的最后一滴液体汽化时一瞬间所观察到的温度计读数，以℃表示。在蒸馏烧瓶壁或温度计上的任何液滴或液膜则不予考虑。

3. 终点或终馏点

在实验过程中得到的温度计最高读数，以℃表示，通常是在蒸馏烧瓶底部全部液体都蒸发后才出现。经常采用的同义词是术语“最高温度”。

4. 初馏点

从冷凝管较低的一端滴下第一滴冷凝液的一瞬间观察到的温度计读数，以℃表示。

5. 蒸发百分数

回收百分数与损失百分数之和，以百分数表示。

6. 损失百分数

100%减去回收百分数，以百分数表示。

7. 回收百分数或回收体积

与温度计读数同时观察到的在接受量筒内的冷凝液体的体积，以百分数表示或者以毫升表示。

8. 最大回收百分数

回收结束（没有冷凝液体馏出）时观察到的最大回收体积，以百分数表示或者以毫升表示。

9. 残留百分数

实验结束时测得的蒸馏烧瓶中残留液体的体积，以百分数表示或者以毫升表示。

10. 总回收百分数

测得的最大回收百分数和残留百分数之和，以百分数表示。

11. 温度计读数

在蒸馏烧瓶颈部低于支管位置测得的饱和蒸气的温度，以℃表示。

12. 倾点

在规定的条件下，被冷却的石油或石油产品尚能流动的最低温度。

[思考题]

1. 初馏点和终馏点相比，哪一个温度应该高一些？

2. 最大回收百分数能够达到百分之百吗？为什么？

3. 总回收百分数能够达到百分之百吗？为什么？

三、取样

[任务描述]

液体石油产品主要是由多种烃类及少量烃类衍生物组成的复杂混合物，每类商品油是按不同的挥发程度进行归类，每类商品油物理特性也不同。对于不同的油品试样根据其不同的挥发程度和流动程度要采取针对性的取样方法。

1. 液体石油产品分组

液体石油产品的体积受温度影响较大，若量取试样的温度不同，对实验过程及实验结果的影响是不同的。在 GB 6536–1997 中对液体石油产品进行了分组，具体要求见表 1–1。

表 1–1　液体石油产品组的特性

样品特性	0 组	1 组	2 组	3 组	4 组
蒸气压，37.8℃ kpa	天然汽油	≥65.5	<65.5	<65.5	<65.5
蒸馏，初馏点，℃				≤100	>100
蒸馏，终馏点，℃		≤250	≤250	>250	>250

对于不同组分的试样，其取样瓶的温度，贮存试样的温度要求是不相同的，具体要求见表 1–2。

表 1-2 液体石油产品组的取样要求

	0 组	1 组	2 组	3 组	4 组
取样瓶的温度，℃	0~4	0~10			
贮存样品温度，℃	0~4	0~10	0~10	室温高于倾点 11℃	室温高于倾点 11℃
如果试样含有水	重新取样	重新取样	重新取样	干燥	干燥

2. 0 组，将样品收集在已经预先冷却至 0℃ ~ 4℃的取样瓶中（取样瓶需要润洗，弃去第一次收集的样品），如果可行，最好将取样瓶立即浸在冷却液体中。如果不能将取样瓶立即浸在冷却液体中，则应该将样品吸入已经预先冷却的取样瓶中，抽吸时要尽量避免搅动样品。立即用一个能紧密塞住的塞子密封取样瓶，并将样品保存在冰浴或者冰箱中。

3. 1 组和 2 组，按上述方法操作将样品收集并保存在 0℃ ~ 10℃的温度下。

4. 3 组和 4 组，在室温下收集保存样品，如果在室温下样品不是流体，则将其保存在高于其倾点 11℃的温度下。

5. 如果样品中含有可见水，则不适合做实验用。0 组、1 组和 2 组试样如果含有水分，则需要重新取一份无悬浮水的样品。

6. 3 组和 4 组，在没有无水样品的情况下，将样品与无水硫酸钠或者其他适合的干燥剂一起摇动，再用倾注方法将样品从干燥剂中分离出来，能除去悬浮水。

[课堂练习]

1. 车用汽油试样的取样操作。

2. 柴油试样的取样操作。

3. 喷气燃料试样的取样操作。

四、石油产品——车用汽油蒸馏的测定

[任务描述]

石油产品主要是由烃类及少量烃类衍生物组成的复杂混合物，与纯液体不同，它没有恒定的沸点，其沸点表现为一个很宽的温度范围。

取 100ml 油样，在适合其性质的规定条件下进行蒸馏，系统地观察和记录冷凝液体积和温度计读数，并根据这些数据，进行计算和报告结果。

[仪器材料]

1. 仪器

①石油产品专用蒸馏装置；

②冰箱；

③温度计：棒状水银玻璃温度计：低温蒸馏温度计 -2℃ ~ 300℃，高温温度计 -2℃ ~ 400℃；

④蒸馏烧瓶：125ml；

⑤量筒：100ml和 5ml，分度为 1ml，100ml量筒应有 5ml刻线；

⑥秒表等；

⑦拉线（细绳或铜丝）；

⑧吸水纸（或脱脂棉）；

⑨无绒软布等。

2. 材料

乙醇汽油或者柴油。每次实验需要使用100ml试样。

[准备工作]

1. 由车用乙醇汽油的馏程和饱和蒸气压数据可知，其油品分类应属1组。根据1组蒸馏条件选择蒸馏烧瓶、烧瓶支板、温度计、量筒等，并使温度达到开始实验时规定的温度。

表1–3　馏程实验条件

项目	0组	1组	2组	3组	4组
仪器准备					
蒸馏温度计	低温范围	低温范围	低温范围	低温范围	高温范围
烧瓶支板孔径，mm	32	38	38	50	50
开始实验的温度					
烧瓶和温度计，℃	0～4	13～18	13～18	13～18	≯室温
支板和金属罩，℃	≯室温	≯室温	≯室温	≯室温	—
量筒和100ml试样，℃	0～4	13～18	13～18	13～18	13～室温
实验条件					
冷浴的温度，℃	0～1	0～1	0～4	0～4	0～601
量筒周围浴的温度，℃	0～4	13～18	13～18	13～18	样温±3
开始加热到初馏点的时间，min	2～5	5～10	5～10	5～10	5～15
初馏点到5%回收体积的时间，s	—	60～75	60～75	—	—
初馏点到10%回收体积的时间，s	3～4	—	—	—	—
从5%回收体积到烧瓶中残留物为5ml的冷凝平均速度，ml/min	—	4～5	4～5	4～5	4～5
从10%回收体积到烧瓶中残留物为5ml的冷凝平均速度，ml/min	4～5				
从烧瓶中残留物为5ml时到终馏点的时间，min	3～5	3～5	3～5	≯5	≯5
适合的冷浴温度应该取决于试样的蒸馏馏分和蜡含量。应该使用满意操作允许的最低温度。					

2. 使用制冷设备冰箱使冷浴和量筒浴的温度维持在0℃～1℃。

3. 用缠在拉线上的一块无绒软布擦洗冷凝管内的残存液。

4. 用一个打孔良好的软木塞或硅酮橡胶塞，将温度计紧密装在蒸馏烧瓶颈部，使温度计水银球位于瓶颈的中心线，温度计毛细管的低端与支管内壁底部的最高点齐平。如图1–5所示。

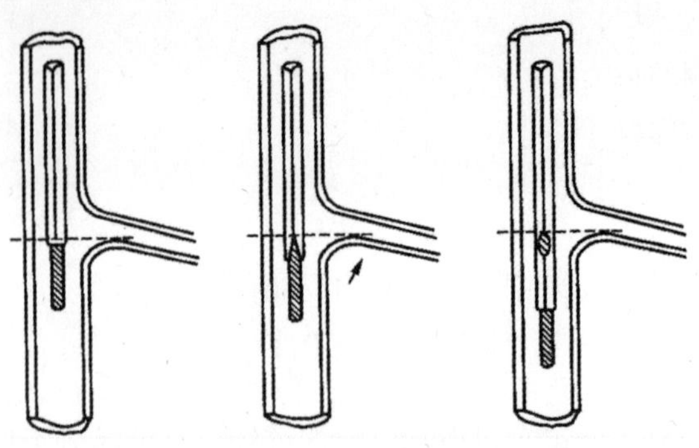

图 1-5　温度计在蒸馏烧瓶颈中的位置

5. 保持试样温度符合表 1-2 的要求，用量筒取 100ml 试样，并尽可能地将试样全部倒入蒸馏瓶中，注意试样不能流入支管中。

6. 用软木塞或硅酮橡胶塞，将蒸馏烧瓶支管紧密安装在冷凝管上，蒸馏烧瓶要调整至垂直，蒸馏烧瓶支管伸入冷凝管内 25ml ~ 50ml。升高及调整蒸馏烧瓶支板，使其对准并接触蒸馏烧瓶底部。

7. 将取样的量筒不经干燥，放入冷凝管下端的量筒冷却浴内，使冷凝管下端位于量筒中心，并伸入量筒内至少 25mm，但不能低于 100ml刻线。用一块吸水纸或脱脂棉将量筒盖严密，这块吸水纸剪成紧贴冷凝管。

8. 记录室温和大气压力。

[实验步骤]

1. 加热：将装有试样的蒸馏烧瓶加热，按要求调节加热速度，保证从开始加热到初馏点的时间，汽油 5min ~ 10min。柴油 5min ~ 15min。

2. 调整加热速度：观察和记录初馏点后，立即移动量筒，使冷凝管尖端与量筒内壁相接触，让馏出液沿量筒内壁流下。调节加热，使从汽油初馏点到 5%回收体积的时间是 60s ~ 75s；从 5%回收体积到蒸馏烧瓶中剩 5ml残留物的冷凝平均速率是 4ml/min~5ml/min。如果不符合上述条件，则重新进行蒸馏。

3. 观察和记录：按标准要求或试样要求记录各项数据。在没有特定数据要求时，通常记录初馏点、10% ~ 90%每 10%回收体积分数时温度计读数、终馏点或干点。根据所用的仪器，记录所有量筒中液体体积，要精确到 0.5ml(手工）或 0.1ml(自动)，记录所有温度计读数，要精确至 0.5℃（手工）或 0.1℃（自动)。如果观察到分解点（蒸馏烧瓶中由于热分解而出现烟雾时的温度计读数)，则应停止加热，并按步骤 5 规定进行。

4. 加热的最后调整：当在蒸馏烧瓶中的残留液体约为 5ml时，再调整加热，使此时到终馏点的时间为 3min ~ 5min，不超过 5min。

5. 记录回收体积：在冷凝管继续有液体滴入量筒时，每隔 2min 观察一次冷凝液体积，直至相继两次观察的体积一致为止。精确地测量体积并记录。如果出现分解点，而预先停止了蒸馏，则从 100%减去最大回收体积分数，报告此差值为残留量和损失，并省去步骤 6。

6. 量取残留体积分数：待蒸馏烧瓶冷却后，将其内容物倒入 5ml量筒中，并将蒸馏烧瓶悬垂于5ml量筒之上，让蒸馏瓶排油，直至量筒液体体积无明显增加为止。记录量筒中的液体体积，精确至0.1ml，作为总残留百分数。

7. 计算损失体积分数：最大回收体积分数和残留体积分数之和为总回收体积分数。从100%减去总回收体积分数，则得出损失体积分数。

[实验结果]

表 1–4　实验结果记录

项目名称	测量值 ℃	修正值 ℃
10%蒸发温度		
50%蒸发温度		
90%蒸发温度		
95%蒸发温度		
终馏点		
残留量（体积分数）		

[结果计算]

1. 记录要求：对每一次实验，都应根据所用仪器要求进行记录，所有回收体积分数都要精确至0.5%（手工）或0.1%（自动），温度计读数精确至0.5℃（手工）或0.1℃（自动）。报告大气压力精确至0.1kPa（1mmHg）。

2. 对温度计读数进行大气压力修正：温度计读数修正方法有计算法和查表法两种。

（1）计算法：先按照温度计的鉴定证书上的修正值对温度计读数进行修正。然后按公式(1–1)，公式(1–2) 计算标准大气压下的温度值。

$$t_c=t+C \quad (1\text{–}1)$$

$$C=0.0009(101.3-p_k)(273+t) \quad (1\text{–}2)$$

$$\text{或 } C=0.00012(760-p)(273+t)$$

式中：t_c—修正至101.3kPa时的温度计读数，℃；

t—观察到的温度计读数，℃；

C—温度计读数修正值，℃；

p_k、p—实验时的大气压力，单位分别为kPa和mmHg。

（2）查图法：按照表1–5给出不同温度范围和实际大气压力和标准大气压力之间的差值，计算出温度修正值。当实际压力低于101.3kPa时加修正值，否则减去修正值。

表 1–5 温度计读数修正值

温度范围，℃	每 1.3kPa（或 10mmHg）的修正值，℃	温度范围，℃	每 1.3kPa（或 10mmHg）的修正值，℃
10～30	0.35	>210～230	0.59
>30～50	0.38	>230～250	0.62
>50～70	0.40	>250～270	0.64
>70～90	0.42	>270～290	0.66
>90～100	0.45	>290～310	0.69
>100～130	0.47	>310～330	0.71
>130～150	0.50	>330～350	0.74
>150～170	0.52	>350～370	0.76
>170～190	0.54	>370～390	0.78
>190～210	0.57	>390～410	0.81

3. 修正损失体积分数：实际损失百分数应按式（1–3）修正到标准大气压下的损失百分数。

$$l_c=Al+B \quad (1\text{–}3)$$

式中：l_c—修正至 101.3kPa 时损失体积分数，%；

l—从实验数据计算得出的损失体积分数，%；

A、B—常数（见表 1–6）。

表 1–6 用于修正蒸馏损失的常数 A 和 B

观察的大气压力 / kPa（或 mmHg）	A	B	观察的大气压力 /kPa（或 mmHg）	A	B
74.6（560）	0.231	0.384	89.3（670）	0.400	0.300
76.0（570）	0.240	0.380	90.6（680）	0.428	0.286
77.3（580）	0.250	0.375	92.0（690）	0.461	0.269
78.6（590）	0.261	0.369	93.3（700）	0.500	0.250
80.0（600）	0.273	0.363	94.6（710）	0.545	0.227
81.3（610）	0.286	0.357	96.0（720）	0.600	0.200
82.6（620）	0.300	0.350	97.3（730）	0.667	0.166
84.0（630）	0.316	0.342	98.6（740）	0.750	0.125
85.3（640）	0.333	0.333	100.0（750）	0.857	0.071
86.6（650）	0.353	0.323	101.3（760）	1.000	0.000
88.0（660）	0.375	0.312			

4. 修正最大回收体积分数：相应修正后的最大回收体积分数按式（1–4）计算。

$$R_c=R_{max}+(l-l_c) \quad (1\text{–}4)$$

式中：R_c—修正后的最大回收体积分数，%；

R_{max}—观察的最大回收体积（接受量筒内冷凝液体体积）分数，%；

l—从实验数据计算得出的损失体积分数，%；

l_c—修正后的损失体积分数，%。

（5）蒸发温度的计算：由于测定过程中，直接读取的回收体积与其对应的温度，而汽油要求报告蒸发百分数和温度之间的关系，因此只有通过对回收百分数和对应温度换算求得蒸发温度。换算方法有计算法和图解法，在此只介绍计算法。

蒸发百分数＝回收百分数＋损失百分数

计算时先从每个规定蒸发百分数减去观察的损失百分数，求得相应的回收百分数，然后在回收百分数和温度关系数据中采用内插法求得蒸发温度。按式（1–5）计算。

$$t_E=t_l+\frac{(t_H-t_l)(R-R_l)}{R_H-R_l} \quad (1\text{–}5)$$

式中 t_E—蒸发温度，℃；

R—对应规定蒸发体积分数时的回收体积分数，%；

回收百分数＝蒸发百分数－损失百分数；

R_l—临近并低于 R 的回收体积分数，%；

R_H—临近并高于 R 的回收体积分数，%；

t_l—在 R_l 时观察到的温度计读数，℃；

t_H—在 R_H 时观察到的温度计读数，℃。

[注意事项]

1. 实验用温度计、蒸馏烧瓶和量筒符合标准要求。
2. 注入烧瓶的试油温度和收集的馏出液温度应基本一致。
3. 实验前必须擦拭冷凝管内壁，清除前次实验留有的液体。
4. 选择合适孔径的烧瓶支板（石棉垫），既要保证加热速度，又要避免油品过热。
5. 温度计的安装位置很重要，直接影响温度计读数的准确性。
6. 测定不同石油产品的馏程时，冷凝器内水温控制要求不同。
7. 加热速度和馏出速度的控制是操作的关键。
8. 若试样含水较多，影响测定数据的准确性。
9. 注意减少蒸馏损失量。

汽油馏程的测定考评表

序号	考核项目	评分要素	配分	评分要点	扣分	得分	备注
1	实验准备	着装仪表	5	不穿戴实训服 披长发 穿高跟鞋、凉鞋			
2		任务书	10	书写规范 工作原理明确 设计方案完整			
3		仪器清点、清洗	5	仪器数量规格符合任务书 玻璃仪器表面水膜均匀			
4	实验过程	仪器安装	10	玻璃仪器使用是否规范 实验仪器是否破损			

续表

5		试样处理	10	样品处理方法正确 移取有外溅 转移有损失 自我防护			
6	实验过程	实验操作	20	1.加试样时蒸馏烧瓶支管应向上 2.温度计安装符合要求 3.蒸馏瓶安装不能倾斜 4.冷凝管出口插入量筒深度应不小于25mm，并不应低于100ml标线 5.初馏点观察准确 6.冷凝管出口在初馏后需靠量筒壁 7.馏出速度控制符合实验要求 8.测定残留量 9.记录大气压和室温 10.温度计读数补正 11.馏出量修正 12.独立/互助完成操作			
7		实验现场	10	清洁、整齐 橱柜物品排列整齐 实验台周围杂物			
8	实验报告	实验结果	15	原始记录清晰 公式准确 数据完整 计算正确 修约准确			
9		实验报告	15	内容完整 字迹清晰 实验偏差在标准范围内 讨论问题准确、深刻、有意义			加分

任务二 汽油硫含量的测定——燃灯法

【项目描述】

硫是石油产品主要元素之一，本方法是将石油产品在灯中燃烧，用碳酸钠水溶液吸收一定量的燃油燃烧生成的二氧化硫，并用容量分析法测定之——用已知浓度的盐酸滴定过剩的碳酸钠，由消耗的盐酸体积计算试样中的硫含量。

化学反应原理如下：

$$硫化物 + O_2 \rightarrow SO_2 \uparrow$$

$$SO_2 + Na_2CO_3 \rightarrow Na_2SO_3 + CO_2 \uparrow$$

$$Na_2SO_3 + 2HCl \rightarrow 2NaCl + H_2O + CO_2 \uparrow$$

【学习目标】

1. 了解燃灯法测定汽油硫含量的仪器要求。
2. 掌握燃灯法测定汽油硫含量的原理及实验方法。
3. 掌握容量分析测定方法。
4. 掌握反滴定的计算方法。

石油产品硫含量的测定方法有两种：管式炉法和燃灯法。

管式炉法适用于深颜色石油产品如润滑油、重质石、原油、石焦油、石蜡和含硫添加剂等；燃灯法适用于测定轻质石油产品如汽油、煤油、柴油等（雷德蒸气压力不高于600毫米汞柱）的硫含量。本书讲解燃灯法。

一、认识硫含量测量装置

了解石油产品硫含量测定仪的组成结构，了解各部分组成的名称、作用、清洗方法、连接方法及操作方法。

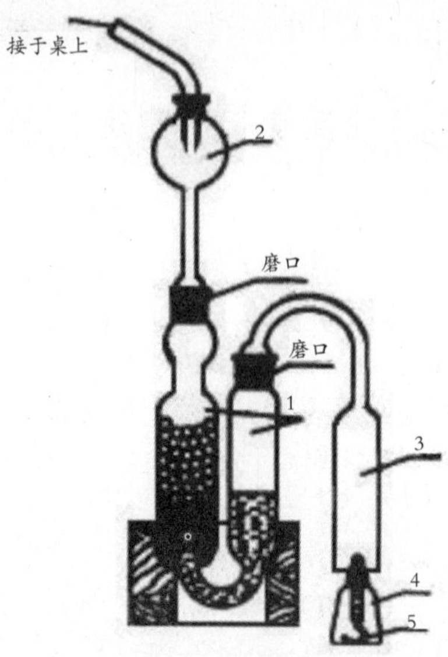

1.吸收器；2.液滴收集器；3.烟道；4.带有灯芯的燃烧灯；5.灯芯

图 1-5　硫含量测定器

[仪器材料]

1. 仪器

(1) 燃灯法硫含量测定仪；

(2) 吸滤瓶：500ml ~ 1000ml；

(3) 滴定管：25ml；

(4) 吸量管：2.5ml 和 10ml；

(5) 洗瓶；

(6) 水流泵或真空泵；

(7) 玻璃珠：直径 5mm ~ 6mm（或短玻璃棒，长 8mm ~ 10mm，直径 5mm ~ 6mm）；

(8) 棉纱灯芯，带有灯芯管；

(9) 分析天平：精度 0.0001g

2. 材料

(1) 碳酸钠；分析纯，配成 0.3%水溶液。

(2) 盐酸：分析纯，配成 0.05mol/l 标准溶液。

(3) 指示剂：预先配制 0.2%溴甲酚绿乙醇溶液和 0.2%甲基红乙醇溶液。使用时，用 5 份体积的溴甲酚绿溶液和 1 份体积的甲基红溶液混合而成（酸性显红色，碱性显绿色）。

(4) 5%乙醇；分析纯。

(5) 标准正庚烷。

(6) 汽油：沸点范围 80℃ ~ 120℃，硫含量不超过 0.005%。

(7) 石油醚 60℃ ~ 90℃，分析纯。

[操作训练]

1. 硫含量测定玻璃仪器清洗；

2. 实验装置安装；

3.实验溶液配制。

二、石油产品——汽油硫含量的测定

按照要求组装仪器，调试使用，进行燃灯法实验操作，用盐酸标准溶液滴定空白、试样，记录标准溶液消耗体积，依公式计算石油产品硫含量。

[准备工作]

1. 硫含量的测定必须在空气流动的室内进行，但要避免剧烈的通风。

2. 仪器安装之前，将吸收器、液滴收集器及烟道仔细用蒸馏水洗净。灯及灯芯用石油醚洗涤并干燥。

3. 按下述程序，将试样装入灯中。

（1）在灯上燃烧无烟的石油产品，按下列数量注入清洁、干燥的灯（无须预先称量）中；含微量硫（硫含量在 0.05% 以下）的低沸点的产品（如航空汽油），其注入量为 4ml ~ 5ml；硫含量在 0.05% 以上及高沸点的产品（如汽油、煤油等），其注入量为 1.5ml ~ 3ml（具体数量视硫含量而定）。

将灯用穿着灯芯的灯芯管塞上。灯芯的下端沿着灯的底部周围放置。当石油产品把灯芯浸润后，即将灯芯管外的灯芯剪短，使与灯芯管的上边缘齐平。然后将灯点燃，调整火焰，使其高度为 5ml ~ 6ml。随后把灯火熄灭，用灯罩将灯盖上，在分析天平上称量，标准至 0.0004g。依照同样方法将试样装入第二个灯中。将标准正庚烷或 95% 乙醇或汽油（不必称量）装入做空白实验的第三个灯中。

（2）单独在灯中燃烧而发生浓烟的石油产品（含多量芳香或不饱和的高温裂解产品、催化裂化产品等）以及高沸点的石油产品（如柴油），则取 1ml~2ml注入与预先同灯芯及灯罩一起称量（称准至 0.0004g）过的洁净、干燥的灯中。

然后，往灯内注入标准正庚烷或 95% 乙醇或汽油，使成体积比 1:1 或 2:1 的比例，在必要时使成 3:1 的比例，使所组成的混合液在灯中燃烧的火焰不带烟。试样和注入标准正庚烷或 95% 乙醇或汽油所组成的混合液的总体积为 4 ~ 5 毫升。依照同样方法将试样装入第二个灯中，将标准正庚烷或 95% 乙醇或汽油（不必称量）装入做空白实验的第三个灯中。

4. 用橡皮管将吸滤瓶与水流泵或真空泵连接起来，并将玻璃三通的一端穿过胶塞插入瓶颈中，另两端用橡皮管和吸收器相连接。第三套吸收器也用橡皮管及玻璃弯管连接到吸滤瓶的胶塞上，以便三套仪器同时进行实验。

往吸收器 1 的大容量里装入用蒸馏水小心洗涤过的玻璃珠或玻璃棒约达 2/3 高度，并用吸量管标准地注入 0.3% 碳酸钠溶液 10ml，用量筒注入蒸馏水 10ml。在吸滤瓶与抽气泵液滴收集器“2”与三通之间的橡皮管套上螺旋夹子。

[操作步骤]

1. 仪器装妥后，开动水流泵，使空气自全部吸收器均匀而和缓地通过。然后自灯“4”上取下灯罩，将所有灯点燃，放在各烟道的下面，使灯芯管的边缘不高过烟道下边 8mm 处。点灯时需用不含硫的火苗，例如酒精灯火苗（不许用火柴点灯）。每个灯火焰高度，需调整为 6mm ~ 8mm。调整火焰高度时，用针挑拨里面的灯芯。在所有的吸收器中，吸空气的速度要保持均匀，并用螺旋夹调整，使火焰不带黑烟，

2. 使每个灯里的试样完全燃烧尽。如果是用标准正庚烷或 95%乙醇或汽油稀释过的试样，当燃尽后，就再向灯中注入 1ml~2ml标准正庚烷或 95%乙醇或汽油，使其全部燃烧尽。

3. 试样燃尽后将灯熄灭，盖上灯罩，经过 3min ~ 5min 后，关闭水流泵。

4. 拆开仪器并以洗瓶中的蒸馏水喷射洗涤液滴收集器、烟道及吸收器上部。将洗涤的蒸馏水收集于吸收器中，用 0.3%碳酸钠溶液吸收二氧化硫。在吸收器中加入 1 ~ 2 滴指示剂，如此时吸收器中的溶液呈红色，则认为此次实验无效，应重做实验。此时应减少燃烧的试样量。

5. 加入指示剂后，以 0.05mol/l 盐酸溶液滴定。为了在滴定时搅拌溶液，在吸收器的玻璃管处接上橡皮管，并用橡皮球或泵对溶液进行打气或抽气搅拌，先将空白试液（标准正庚烷或 95%乙醇或汽油燃烧后所生成物质的吸收液）滴定至呈红色为止，作为空白实验，然后滴定含有试样燃烧生成物的各溶液。当溶液呈现出与已滴定的空白实验同样的红色时，即为滴定已到终点。

注：另用 0.3%碳酸钠溶液进行滴定，与空白实验比较。这两次所消耗 0.05N 盐酸溶液体积之差，如超过 0.05ml 即证明空气中已燃有硫分。在此种情况下，该实验作废，待实验室通风后另行测定。

6. 试样的燃烧量依下法测定：

（1）燃烧未稀释的试样时，当燃烧完毕后，将灯放在分析天平上称量（标准至 0.0004g），并计算盛有试样的灯在实验前的重量与该等在燃烧后的重量间的差数，作为试样的燃烧量。

（2）燃烧稀释过的试样时，计算盛有试样灯的重量与未装试样的清洁、干燥等的重量间的差数，作为试样的燃烧量。

[结果计算]

试样的硫含量 ω(%)按下式计算：

$$\omega=\frac{0.0008\ (V_0-V)\ K}{m}\times 100 \qquad (2\text{-}1)$$

式中：V_0—滴定空白试液所消耗盐酸溶液的体积，毫升；

V—滴定吸收试样燃烧生成物的溶液所消耗盐酸溶液的体积，毫升；

K—换算为 0.05mol/l 盐酸溶液的修正系数（是盐酸的实际当量浓度与 0.05mol/l 之比值）；

0.0008——单位体积 0.05mol/l 盐酸溶液所相当的硫含量，克 / 毫升；

m——试样的燃烧量，克。

[精密度]

重复测定两个结果间的差数，不应超过下列数值。

硫含量，%	允许差数
≤<0.1	0.006%
>0.1	最小测定值为 6%

[结果报告]

取重复测定两个结果的算术平均值，作为试样的硫含量。见附页

报告还应包括：样品名称、编号或批号、所用仪器编号、方法名称及时间、地点、操作者。

[注意事项及影响因素]

1. 试样燃烧完全程度：若燃烧不完全，则使测定结果偏低；因此实验方法规定了燃烧时火焰的高度、空气流过的速度、燃烧时火焰不能带烟、用标准正庚烷(或乙醇、汽油等)来稀释较黏稠的油品等，目的都是为了保证试样完全燃尽。

2. 实验材料和环境条件：如果使用材料或环境空气中有含硫成分，势必要影响测定结果，标准中规定不许用火柴等含硫引火器具点火。

3. 吸收液用量：加入的碳酸钠溶液的体积是否准确一致、操作过程中有无损失，对测定结果也有影响。

4. 终点判断：标准中规定在滴定的同时不仅要搅拌吸收溶液，还要与空白实验达到终点所显现的颜色做比较，都是为了正确判断滴定终点。

知识拓展

硫是一种非常常见的无味的非金属，纯的硫是黄色的晶体，又称作硫磺。在自然界中它经常以硫化物或硫酸盐的形式出现，尤其在火山地区纯的硫也在自然界出现。对所有的生物来说，硫都是一种重要的必不可少的元素，它是多种氨基酸的组成部分，由此是大多数蛋白质的组成部分。

石油的主要组成元素 C、H、O、N、S，其中 S 的含量是除 C、H 元素外第三个主要组分，虽然在含量上远低于前两个元素，但是对石油炼制、油品质量均有危害。石油中硫及硫化物严重污染环境，是形成雾霾、酸雨的主要成分。

众所周知的 PM2.5，对于环境影响非常大，对于人体危害也非常大，因为 PM2.5 中危害人体的主要因素就是二氧化硫和病菌，由于二氧化硫溶解性高，在上呼吸道与水接触生成硫酸和亚硫酸容易引起黏膜损伤，造成临床一系列症状。

人体接触二氧化硫后症状可分为双相反应。即刻反应包括对眼睛鼻喉的刺激和烧伤，并有胸部紧束感气急和干咳，表现为结膜炎、角膜烧伤、红斑样咽炎，胸部听诊可有啰音。接触高浓度的二氧化硫在数小时内可引起急性肺水肿和死

亡。急性期存活的病人于中毒后 2 ~ 3 周产生第二相的呼吸系统症状，病人可因弥漫性肺浸润而呼吸衰竭，部分病人可有持续性的气流受阻。

因此，在倡导清洁环保，使用新型能源的今天，掌握石油产品硫含量的测定有着非常重要的意义。

汽油硫含量的测定考评表

序号	考核项目	评分要素	配分	评分要点	扣分	得分	备注
1	实验准备	着装仪表	5	不穿戴实训服 披长发 穿高跟鞋、凉鞋			
2		任务书	10	书写规范 工作原理明确 设计方案完整			
3		仪器清点、清洗	5	仪器数量规格符合任务书 玻璃仪器表面水膜均匀			
4	实验过程	仪器安装	10	玻璃仪器使用是否规范 实验仪器是否破损			
5		试样处理	10	移取有外溅 转移有损失 称量准确 自我防护			
6		实验操作	20	盐酸标准溶液的配制 灯及灯芯清洗干燥 实验装置的安装 试样及标准样的移取 点火及火焰高度的控制 试样收集 滴定操作：滴定速度、终点判定 独立完成操作			
7		实验现场	10	清洁、整齐 物品排列整齐 实验台周围杂物橱柜			
8	实验报告	实验结果	15	原始记录清晰 公式准确 数据完整 计算正确 修约准确			

续表

9	实验报告	实验报告	15	内容完整 字迹清晰 实验偏差在标准范围内 讨论问题准确、深刻、有意义			加分

任务三　汽油水溶性酸碱的测定

【项目描述】

用蒸馏水或乙醇水溶液抽提试样中的水溶性酸、碱，然后分别用甲基橙或酚酞指示剂检查抽出溶液颜色的变化情况，或用酸度计测定抽提物的pH值，以判断油品中有无水溶性酸碱存在。

【学习目标】

1. 掌握油品水溶性酸、碱的测定原理与实验方法。
2. 了解抽提技术在油、水分离过程中的应用。
3. 掌握石油产品（分液漏斗）萃取操作技术。
4. 掌握用酸度计测定水溶性酸或碱。
5. 掌握使用指示剂方法判断油品水溶性酸碱的测定。

[仪器材料]

1. 仪器

(1) 分液漏斗：选用250ml或500ml梨形分液漏斗，详见图1–8，用于油水分离（上面的塞子称为活塞，下面颈上的塞子称为旋塞）。

图1–8　梨形分液漏斗

(2) 试管：直径为 15mm~20mm，高度为 140mm~150mm，用无色玻璃制成。

(3) 漏斗：普通的玻璃漏斗。

(4) 量筒：25ml、50ml和 100ml。

(5) 锥形烧瓶：100ml和 250ml。

(6) 瓷蒸发皿。

(7) 电热板及水浴。

(8) 酸度计：精度为 pH≤0.01。

(9) 带铁环的铁架台：用于固定漏斗和分液漏斗。

2. 材料

(1) 甲基橙：配成 0.02%甲基橙水溶液。

(2) 酚酞：配成 1%酚酞乙醇溶液。

(3) 95%乙醇：分析纯。

(4) 滤纸：工业纸。

(5) 溶剂油：符合 SH 0004 橡胶工业用溶剂油规定。

(6) 蒸馏水：符合 GB/T 6682《分析实验室用规格和实验方法》中三级水规定。

[准备工作]

1. 试样的准备

(1) 将试样置入玻璃瓶中，不超过其容积的四分之三，摇动 5min。黏稠的或石蜡试样应预先加热至 50℃~60℃再摇动。

(2) 当试样为润滑脂时，用刮刀将式样的表层（3mm ~ 5mm）刮掉，然后，至少在不靠近容器壁三处取约等量的试样置入瓷蒸发皿，并小心地用玻璃棒搅匀。

2. 试剂准备

(1) 5%乙醇必须用甲基橙或酚酞指示剂或酸度计检验呈中性后，方可使用。

(2) 标准缓冲溶液 pH=4.00，pH=6.86，pH=9.18。

3. 梨形分液漏斗使用前玻璃旋塞应涂薄层凡士林，但不可太多，以免阻塞流液孔。使用时，左手虎口顶住漏斗球，用拇指食指转动旋塞控制加液。此时玻璃活塞的小槽要与漏斗口侧面小孔对齐相通，才使加液顺利进行。

4. 活化复合玻璃电极

保持电极球泡的湿润，如果发现干枯，在使用前应在 3mol/L 氯化钾溶液或微酸性的溶液中浸泡几小时，以降低电极的不对称电位。

[实验步骤]

1. 当实验液体石油产品时，将 50ml试样和 50ml的蒸馏水由上面的活塞放入分液漏斗，加热至 50℃ ~ 60℃。轻质石油产品，如汽油和溶剂油等均不加热。

注：对 50℃运动黏度大于 75mm²/s 的石油产品，应预先在温室下与 50ml汽油混合，然后加入 50ml加热至 50 ~ 60℃的蒸馏水。

2. 振荡分液漏斗，使两相液层充分接触，振荡操作是把分液漏斗倾斜，使漏斗的上口略朝下同时要绝对防止液体泄漏。将分液漏斗中的实验溶液，轻轻地摇动 5min，振荡后不允许乳化。

3. 放气：振荡后让分液漏斗仍保持倾斜状态，旋开旋塞，放出蒸气或产生的气体，使内外压力平衡，切记放气时分液漏斗的上口要倾斜朝下，而下口处不要有液体。

4. 静置：将分液漏斗放在铁环中静置，静置的目的是使不稳定的乳浊液分层。一般情况需静置 10min 左右，较难分层者需更长时间静置。

注：在萃取时，特别是当溶液呈碱性时，常常会产生乳化现象，影响分离。破坏乳化的方法有：①较长时间静置；②轻轻地旋摇漏斗，加速分层；③若因两种溶剂（水与有机溶剂）部分互溶而发生乳化，可以加入少量电解质（如氯化钠），利用盐析作用加以破坏；若因两相密度差小发生乳化，也可以加入电解质，以增大水相的密度；④若因溶液呈碱性而产生乳化，常可加入少量的稀盐酸或采用过滤等方法消除。

5. 分离：液体分成清晰的两层后，就可进行分离。分离液层时，下层液体应经旋塞放出，上层液体应从上口倒出。放出澄清后的水层（下层），经滤纸过滤后，滤入锥形烧瓶中。

6. 将上述实验所得抽提物，用酸度计或指示剂测定水溶性酸或碱。

（1）用酸度计测定水溶性酸或碱

① 将 pH6.86 标准溶液 2ml ~ 5ml倒入已用水洗净并擦干的塑料烧杯中，洗涤烧杯和复合电极后倒掉，再加入 20mlpH6.86 标准溶液于塑料烧杯中，打开复合玻璃电极加液口的橡皮塞，将复合电极插入于溶液中，用仪器定位旋钮，调至读数 6.86，直到稳定。

② 将 pH4.00 标准溶液 2ml ~ 5ml倒入另一个塑料烧杯中，洗涤烧杯和复合电极后倒掉，再加入 20mlpH4.00 标准溶液，将复合电极插入溶液中，读数稳定后，用斜率旋钮调至pH4.00。

如被测溶液为酸性时，缓冲液应选 pH=4.00；如被测溶液为碱性时，则选 pH=9.18 的缓冲液，仍按上述操作。

斜率钮调完后，绝不能再动。

③用抽提液润洗复合玻璃电极，向烧杯中注入 30ml ~ 50ml抽提液，要保证电极的球泡完全进入到被测量介质内，按酸度计使用要求测定 pH 值。根据下表确定实验抽提物水溶液或乙醇水溶液中有无水溶性酸或碱。

表 1–7　酸碱性评定表

石油产品水（或乙醇水溶液）抽提物特征	pH 值
酸性	＜4.5
弱酸性	4.5~5.0
无水溶性酸或碱	＞5.0~9.0
弱碱性	＞9.0~10.0
碱性	＞10.0

（2）用指示剂测定水溶性酸或碱

向两个试管中分别放 1ml ~ 2ml抽提物，在第一支试管中，加入 2 滴甲基橙溶液，并将它与装有相同体积蒸馏水和甲基橙溶液的第三支试管相比较。如果抽提物呈玫瑰色，则表示石油产品里有水溶性酸存在。

在第二支盛有提取物的试管中加入3滴酚酞溶液。如果溶液呈玫瑰色或红色时，则表示有水溶性碱存在。

当抽提物在用甲基橙或酚酞为指示剂，没有呈现玫瑰色或红色时，则认为没有水溶性酸或碱。

[精密度]

1. 本精密度规定仅适用于酸度计法。
2. 同一操作者所提出两个结果之差，不应大于0.05pH。

[结果报告]

取重复测定两个pH值的算术平均值作为实验结果。

知识拓展

1. 当实验润滑脂、石蜡、地蜡和含蜡组分时，取50g预先熔化好的试样，称准至0.01g，置于瓷蒸发皿或锥形烧瓶中。然后，注入50ml蒸馏水，并煮沸至溶化。冷却至室温后，小心地将下部水层倒入有滤纸的漏斗中，滤入锥形烧瓶。
2. 对已凝固的产品（如石蜡和地蜡等），则事先用玻璃棒刺破蜡层。
3. 当实验添加剂产品时，向分液漏斗中注入10ml试样和40ml溶剂油，再加入50ml加热至50℃~60℃蒸馏水。将分液漏斗摇动5min，澄清后分出下部水层，经有滤纸的漏斗，滤入锥形烧瓶。
4. 若有石油产品用水混合，即用水抽提水溶液性酸或碱，产生乳化时，则用50℃~60℃、1:1比例95%乙醇水溶液代替蒸馏水处理。

[注意事项]

1. 样品均匀性：水溶性酸、碱有时会沉降在盛样容器的底部（尤其是轻质油品），因此在取样前应将试样充分摇匀；测定石蜡、地蜡等本身含蜡成分的固态石油产品中的水溶性酸、碱时，必须事先将试样加热熔化后再取样，以防止构造凝固中的网结构对酸、碱性物质分布的影响。

2. 抽提溶剂：测定所用的抽提溶剂（蒸馏水、乙醇水溶液）以及汽油等稀释溶剂必须事先中和为中性。所用仪器必须确保清洁，无水溶性酸、碱等物质存在。所加入的甲基橙、酚酞不能超过规定的滴数。

3. 黏稠样品：如果试样50℃时的运动黏度大于75mm²/s，水溶性酸碱将难以抽提出来，使测定结果偏低，直接测定困难。可用稀释溶剂对试样进行稀释并加热到一定温度后再进行测定。

4. 试样乳化：试样如果发生乳化现象则影响测定。通常是因为试样呈碱性，油品中残留的皂化物水解的缘故。当试样与蒸馏水混合易于形成难以分离的乳浊液时，须用50℃

~60℃呈中性的 95%乙醇水溶液（1:1）作抽提溶剂来分离试样中的酸、碱。

5. 复合电极：其下端是易碎玻璃泡，使用和存放时千万要注意，防止与其他物品相碰。复合电极内有 KCl 饱和溶液作为传导介质，如干涸结果测定不准，必须随时观察有无液体，发现剩余很少量时到化验室灌注。复合电极仪器接口绝不允许有污染，包括水珠。复合电极连线不能强制性拉动，防止线路接头断裂。

6. 加液口：测量过程中复合玻璃电极加液口的橡皮塞要保持打开。

7. 放弃操作时，排气口不许指向任何人。

汽油水溶性酸碱的测定考评表

序号	考核项目	评分要素	配分	评分要点	扣分	得分	备注
1		着装仪表	5	不穿戴实训服 披长发 穿高跟鞋、凉鞋			
2	实验准备	任务书	10	书写规范 工作原理明确 设计方案完整			
3		仪器清点、清洗	5	仪器数量规格符合任务书 玻璃仪器表面水膜均匀			
4		仪器安装	10	玻璃仪器使用是否规范 实验仪器是否破损			
5	实验过程	试样处理	10	移取有外溅 转移有损失 称量准确 自我防护			
6		实验操作	20	检查温度计、量筒及分液漏斗干净干燥 取样时试样应均匀 试油、蒸馏水温度 震荡操作规范 放气操作严谨 静置分层操作得当 液体排出方法正确 酸性测定方法正确 碱性测定方法正确 结果判定正确 独立完成操作			
7	实验报告	实验现场	10	清洁、整齐 橱柜物品排列整齐 实验台周围杂物			
8		实验结果	15	原始记录清晰 公式准确 数据完整			

续表

				计算正确 修约准确			
9	实验报告	实验报告	15	内容完整 字迹清晰 实验偏差在标准范围内 讨论问题准确、深刻、有意义			加分

任务四　汽油铜片腐蚀性的测定

【项目描述】

把一块已磨光备好的铜片浸没在一定量的试样中，并按产品标准要求加热到指定的温度，保持规定的时间，待实验周期结束时，取出铜片，经洗涤后与腐蚀标准色板进行比较，确定腐蚀级别。

【学习目标】

1. 了解石油产品铜片腐蚀仪器的要求。
2. 掌握汽油铜片腐蚀实验的原理及实验方法。
3. 掌握铜片腐蚀标准色板的使用方法。

[仪器材料]

1. 仪器

实验所用仪器见图 4–1：

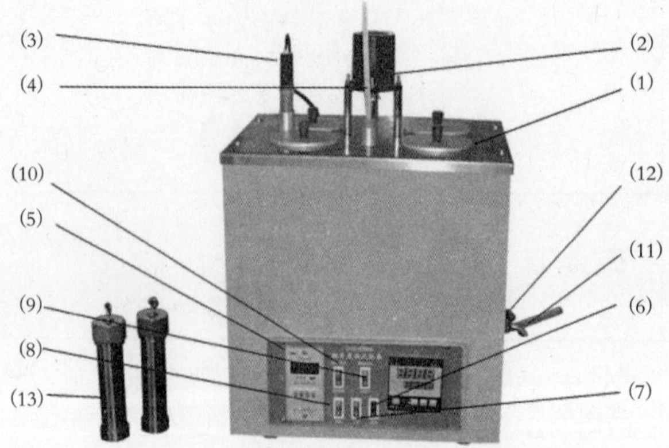

图 4–1　石油产品铜腐蚀实验仪

(1) 恒温浴：恒温浴是本仪器的主体，有 4 个样品实验孔，每孔可安放 1 个实验弹或放入 3 个试管样品。

(2) 搅拌装置：搅拌装置由搅拌电机及搅拌轴组成，用于搅拌恒温浴内的液体，使其保持温度场均匀。

(3) 温度传感器：温度控制器所用的温度传感器，用于检测浴缸内的温度。

(4) 温度计：玻璃管温度计，用于检测温度控制器是否达到控温精度要求。

(5) 计时器：用于试样测试时的控时设定和自动计时。

(6) 电源开关：打开此开关，仪器接通工作电源。

(7) 计时开关：打开此开关，计时器工作。

(8) 搅拌开关：打开此开关，搅拌器工作。

(9) 控温加热开关：打开此开关，控温器工作，控制 600W 加热器工作。

(10) 辅助加热开关：打开此开关，1000W 辅助加热器工作，在温度到达临近设定值时辅助加热先行自动停止。

(11) 放水阀：用于排放浴缸内的液体。

(12) 溢流管：浴缸内液体的液面高于此溢流管口时，从此管流出，保持浴缸内液体液面的高度。

(13) 实验弹：放置实验样品。

2. 材料

(1) 实验弹：

如图 4-2 所示，并能承受 689kPa（5168mmHg）实验表压。

图 4-2　铜片腐蚀实验弹

(2) 试管：长 150mm，外径 25mm，壁厚 1mm ~ 2mm。在试管 30ml处刻一环线。

(3) 水浴或其他液体浴（或铝块浴）：能维持在实验所需的温度范围内，有合适的支架能支持实验弹保持在垂直的位置，并使整个实验弹能浸没在浴液中。

注：光线对实验结果有干扰，因此，试样在试管中进行实验时，浴应该用不透明材料制成。

(4) 磨片夹钳或夹具：供磨片时牢固地夹住铜片而不损坏边缘用。只要能夹紧铜片，并使要磨光的铜片表面能高出夹具表面的任何形式的夹具都可以使用。

（5）观察试管：扁平型，如图 4–3 所示，应无擦伤及类似的缺陷。在实验结束时，供检验用或在贮存期间供盛防腐蚀的铜片用。

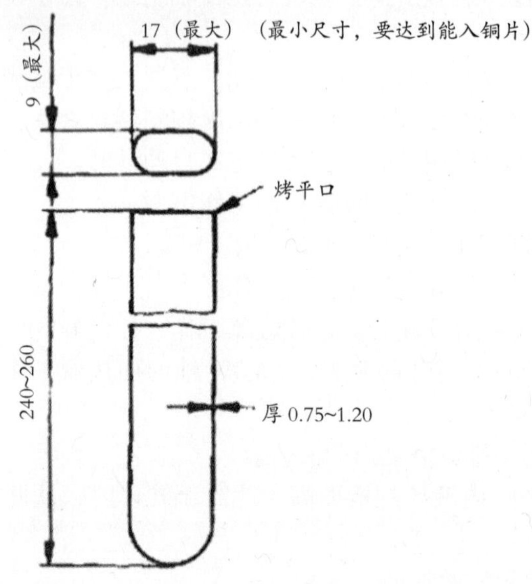

图 4–3　观察试管

（6）温度计：全浸，最小分度 1℃或小于 1℃。供指示所需的实验温度用。所测温度点的水银线伸出浴介质表面应不大于 25mm。

（7）洗涤溶剂：只要在 50℃，实验 3 小时不使铜片变色的任何易挥发、无硫类溶剂均可以使用。合适的溶剂有抗爆性实验用异辛烷，也可以选用分析纯的石油醚（90℃ ~120℃）或符合 SH0004《橡胶工业用溶剂油》要求的溶剂。

注：在有争议时，应该用分析纯异辛烷或标准异辛烷。

（8） 铜片：纯度大于 99.9%的电解铜。宽为 12.5mm，厚为 1.5mm ~ 3.0mm，长为 75mm。可用 GB46 《铜分类》 中 Cu2（2 号铜）。

铜片可以重复使用，但当铜片表面出现不能磨去的坑点或痕迹，或在处理过程中表面发生变形时，就不能再用。

（9） 磨光材料：65 微米（240 粒度）的碳化硅或氧化铝（刚玉）砂纸（或纱布），105 微米（150 目）的碳化硅或氧化铝（刚玉）砂粒。

注：在有争议时，用碳化硅材质的磨光材料。

（10）医用脱脂棉。

（11）腐蚀标准色板

本方法用的腐蚀标准色板是由全色加工复制而成的，它是在一块铝薄板上印刷四色加工而成，由代表失去光泽表面和腐蚀增加程度的典型实验铜片组成（见表4–1）。为了保护起见，这些腐蚀标准色板嵌在塑料板中。在每块标准色板的反面给出了腐蚀标准色板的使用说明。腐蚀标准色板图样详见图 4–4。

表 4-1　腐蚀标准色板的分级

分级	名称	说明　（见注①）
0	新磨光的铜片	说明　（见注②）
1	轻度变色	a. 浅橙色，几乎与新磨光的铜片一样 b. 深橙色
2	中度变色	a. 紫红色 b. 浅紫色 c. 带有淡紫蓝色或银色，或两种都有，并分别覆盖在紫红色上的多彩色 d. 银色 e. 黄铜色或金色
3	深度变色	a. 洋红色覆盖在黄铜色上的多彩色 b. 有红和绿显示的多彩色（孔雀绿），但不带灰色
4	腐蚀	a. 透明的黑色、深灰色或仅带有孔雀绿的棕色 b. 石墨黑色或无光泽的黑色 c. 有光泽的黑色或乌黑发亮的黑色

注：① 铜片腐蚀标准色板是由表中这些说明所表示的色板组成的。

② 此系列中所包括的新磨光铜片，仅作为实验前磨光铜片的外观标志。即使是一个完全不腐蚀的试样，经实验后也不可能重现这种外观。

为了避免色板可能褪色，腐蚀标准色板应避光存放。实验用的腐蚀标准色板要用另一块在避光下仔细地保护的（新的）腐蚀标准色板与它进行比较来检查其褪色情况。在散射的日光（或与散射的日光相当的光线）下，对色板进行观察：先从上方直接看，然后再从 45° 角看。如果观察到有任何褪色的迹象，特别是在腐蚀标准色板的最左边的色板有这种迹象，则废弃这块色板。

检查褪色的另一种方法是：当购进新色板时，把一条 20mm 宽的不透明片（遮光片）放在这块腐蚀标准色板带颜色部分的顶部。把不透明片移动，以检查暴露部分是否有褪色的迹象。如果发现有任何褪色，则应该更换这块腐蚀标准色板。如果塑料板表面显示出有过多的划痕，则也应该更换这块腐蚀标准色板。

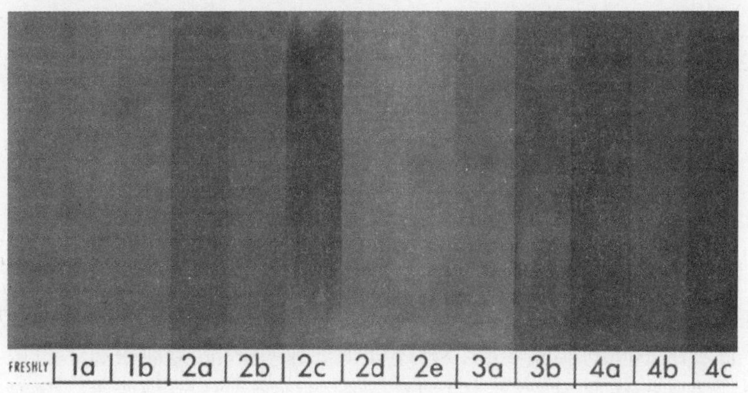

图 4-4　腐蚀标准色板

[准备工作]

1. 表面准备

为了有效地达到预期的结果，需先用碳化硅或氧化铝（刚玉）砂纸（或砂布）把铜片六个面上的瑕疵去掉。再用65微米（240粒度）的碳化硅或氧化铝（刚玉）砂纸（或砂布）处理，以除去在此以前用其他等级砂纸留下的打磨痕迹。用定量滤纸擦去铜片上的金属屑后，把铜片浸没在洗涤溶剂中。铜片从洗涤溶剂中取出后，可直接进行最后磨光，或贮存在洗涤溶剂中备用。

表面准备的操作步骤：把一张砂纸放在平坦的表面上，用煤油或洗涤溶剂湿润砂纸，以旋转动作将铜片对着砂纸摩擦，用无灰滤纸或夹钳夹持，以防止铜片与手指接触。另一种方法是用粒度合适的砂纸（或砂布）装在马达上，通过驱动马达来加工铜片表面。

2. 最后磨光

从洗涤溶剂中去除铜片，用无灰滤纸保护手指来夹拿铜片。取一些105微米（150粒度）的碳化硅或氧化铝（刚玉）砂粒放在玻璃板上，用1滴洗涤溶剂湿润，并用一块脱脂棉，蘸取砂粒。用不锈钢镊子夹持铜片，千万不能接触手指。先摩擦铜片各端边，然后将铜片夹在夹钳上，用沾在脱脂棉上的碳化硅或氧化铝（刚玉）砂粒磨光主要表面。磨时要沿铜片的长轴方向，在返回来磨以前，使动程越出铜片的末端。用一块干净的脱脂棉使劲地摩擦铜片，以除去所有的金属屑，直到用一块新的脱脂棉擦拭时不再留下污斑为止。当铜片擦净后，马上浸入已准备好的试样中。

注：为了得到一个均匀的腐蚀色彩铜片，均匀地磨光铜片的各个表面是很重要的。如果边缘易出现磨损（表面呈椭圆形），则这些部位的腐蚀大多显得比中心厉害得多。使用夹钳会有助于铜片表面磨光。

3.取样

(1) 对会使铜片造成轻度变暗的各种试样，应该贮放在干净的、深色玻璃瓶，塑料瓶或其他不致影响到试样腐蚀性的合适的容器中。镀锡容器会影响试样的腐蚀程度，因此，不能使用镀锡铁皮容器来贮存试样。我们这个实验的试样是汽油，选择棕色试剂瓶即可。

(2) 容器要尽可能装满试样，取样后立即盖上。取样时要小心，防止试样暴露于直接的阳光下，甚至散射的日光下。实验室收到试样后，在打开容器后尽快进行实验。

(3) 如果在试样中看到有悬浮水（混浊）则用一张中速定性滤纸把足够体积的试样过滤到一个清洁、干燥的试管中。此操作尽可能在暗室或避光的屏风下进行。

注：在整个实验进行前、实验中或实验结束后，铜片与水接触会引起变色，使铜片评定造成困难。

[实验步骤]

1. 实验条件

不同的产品采用不同的实验步骤，分述如下。某些产品类别很宽，可以用多于一组的条件进行实验。在这种情况下，对规定的某一个产品的铜片质量要求，将被限制在单一的一组条件下进行实验。下面叙述的时间和温度大多数是通常使用的条件。

(1)　航空汽油、喷气燃料

把完全清澈和无任何悬浮水或无内含水的试样倒入清洁、干燥的试管中 30ml 刻线处，并将经过最后磨光的干净的铜片在 1 分钟内浸入该试管的试样中。把该试管小心地浸入实验弹中，并把弹盖旋紧。把实验弹完全浸入已维持在 100℃ ± 1℃的水浴中。在浴中放置 2 小时 ± 5 分钟后，取出试样弹，并在自来水中冲洗几分钟。打开实验弹盖，取出试管，按要求检查铜片。

(2) 柴油、燃料油、车用汽油

把完全清澈、无悬浮水或内含水的试样，倒入清洁、干燥的试管中 30ml 刻线处，并使经过最后磨光、干净的铜片在 1 分钟内进入该试管的试样中。用一个有排气孔（打一个直径为 2mm~3mm 小孔）的软木塞塞住试管。把该试管放到已维持在 50℃ ± 1℃的浴中。在实验过程中，试管的内容物要防止强烈的光线。在浴中放置 3 小时 ± 5 分钟后，检查铜片。

2. 铜片的检查

把试管的内容物倒入 150ml高型烧瓶中，倒时要让铜片轻轻地滑入，以避免碰破烧杯。用不锈钢镊子立即将铜片取出，浸入洗涤溶剂中，洗去试样。立即取出铜片，用定量滤纸吸干铜片上的洗涤溶剂。把铜片与腐蚀标准色板比较来检查变色或腐蚀迹象。比较时，把铜片和腐蚀标准色板对光线成 45° 角折射的方式拿持，进行观察。

如果把铜片放在扁平试管中，能避免夹持的铜片在检查和比较过程中留下斑迹和弄脏。扁平试管要用脱脂棉塞住。

[结果显示]

1. 按腐蚀标准色板的分级规定进行检查，某一个腐蚀级表示试样的腐蚀性。

2. 当铜片是介于两种相邻的标准色板质检的腐蚀级时，则按其变色严重的腐蚀级判断试样。当铜片出现有比标准色板中 1b 还深的橙色时，则认为铜片仍属 1 级；但是，如果观察到有红颜色时，则所观察的铜片判断为 2 级。

3. 当 2 级中紫红色铜片可能被误认为黄铜色安全被洋红色的色彩所覆盖的 3 级。为了区别这两个级别，可以把铜片浸没在洗涤溶剂中。2 级会出现一个深橙色，而 3 级不变色。

4. 为了区别 2 级和 3 级中多重颜色的铜片，把铜片放入试管中，并把这支试管平放在 315℃~370℃的电热板上 4min ~ 6min。另外用一支试管，放入一支高温蒸馏用温度计，观察这支温度计的温度来调节电炉的温度。如果铜片呈现银色，然后再呈现为金黄色，则认为铜片属 2 级，如果铜片出现如 4 级所述透明的黑色及其他各色，则认为铜片属 3 级。

5. 在加热浸提过程中，如果发现手指印或颗粒或水滴弄脏了铜片，则重新进行实验。

6. 如果沿铜片平面的边缘棱角出现一个比铜片大部分表面腐蚀级还要高的腐蚀级别的话，则需要重新进行实验。这种情况大多是在磨片时磨损了边缘而引起的。

[结果判断]

如果重复测定的两个结果不相同，则重新进行实验。当重新实验的两个结果仍不相同时，则按变色严重的腐蚀级来判断试样。

[结果报告]

按表中级别中的一个腐蚀级报告试样的腐蚀性，并报告试样时间和实验温度。

[注意事项]

1. 仪器在通电前，必须先在浴内加好水、油或混合液体。浴内未加液体时，切不可通电工作,加热器切不可在无液体的空气中使用.

2. 仪器使用时应注意安全，接入仪器的电源线应有良好的接地端，相线与接地线不要搞错，保证仪器外壳与电源线接地端接触良好。

3. 在更换保险丝管或其他电器元器件时，应先切断电源（保险丝管置于电源插座内），切不可带电操作。

4. 在使用本仪器前应注意各接插件接触良好。温度传感器损坏或与机箱未连好，温控仪 PV 显示窗将无数字显示。

5. 温度传感器由三线引出接到插头上，环境温度 20℃时，其中两根插针间电阻为零，与另一插针间电阻约为 107.79Ω。

6. 仪器出厂时，温控仪自整定参数已设定好，开机后即自动进入自整定状态，用户无须再重新设定。当控温效果变差时，可参照温控仪说明书重新整定。

7. 若辅助加热开启后，升温较慢，表明 1000W 加热管烧断或控制该加热管的可控硅损坏，可检查并更换之。1000W 加热由 XMT 温控仪 AL2（5，6 脚）控制。本仪器在 B 菜单 AL2 位置设置负 1，即设定 40℃浴温升至 39℃时，1000W 加热被切断，不要随意更改此参数。

8. 若控温效果较差时请检查 600W 加热管或控制该加热管的可控硅。若经检查或更换确定该加热管或可控硅完好后，再重新调温控仪自整定状态。

9. 若搅拌电机不转，则应检查电容是否损坏。

汽油铜片腐蚀性的测定考评表

序号	考核项目	评分要素	配分	评分要点	扣分	得分	备注
1	实验准备	着装仪表	5	不穿戴实训服 披长发 穿高跟鞋、凉鞋			
2		任务书	10	书写规范 工作原理明确 设计方案完整			
3		仪器清点、清洗	5	仪器数量规格符合任务书 玻璃仪器表面水膜均匀			
4	实验过程	仪器安装	10	玻璃仪器使用是否规范 实验仪器是否破损			
5		试样处理	10	移取有外溅 转移有损失 称量准确 自我防护			

续表

6	实验过程	实验操作	20	铜片制备：洗涤、抛光 实验弹制备 实验仪器准备 温度计安装 实验过程控制 实验结果：腐蚀性评价、独立完成操作			
7	实验报告	实验现场	10	铜片回收 清洁、整齐 橱柜物品排列整齐 实验台周围杂物			
8		实验结果	15	原始记录清晰 公式准确 数据完整 计算正确 修约准确			
9		实验报告	15	内容完整 字迹清晰 实验偏差在标准范围内 讨论问题准确、深刻、有意义			加分

任务五　汽油机械杂质的测定

【项目描述】

称取一定量的试样，溶于所用的溶剂中，用已恒重的滤器过滤，被留在滤器上的杂质即为机械杂质。

将试样注入100ml玻璃量筒中观察，应当透明，没有悬浮和机械杂质及水分，否则，按重量法测定汽油中机械杂质。

【学习目标】

1. 了解重量法测定石油产品机械杂质的方法要求。
2. 掌握重量法测定汽油机械杂质的原理及实验方法。
3. 掌握重量法分析测定方法。
4. 掌握吸滤操作方法。

[仪器材料]

1.仪器

(1) 烧杯或宽颈的锥形烧瓶。

(2) 称量瓶。

(3) 玻璃漏斗。

(4) 保温漏斗。

(5) 吸滤瓶。

(6) 水流泵或真空泵。

(7) 干燥器

(8) 水浴或电热板。

(9) 微孔玻璃滤器：坩埚式，滤板孔径 4.5μm ~ 9μm。

2. 材料

(1) 定量滤纸：中速（滤速 31s ~ 60s），直径 11cm。

(2) 溶剂油：符合 SH0004 规格（或航空汽油：符合 GB1787 规格）。

注：使用前均应过滤，然后作溶剂用。

(3) 95%乙醇：化学纯。

(4) 乙醚：化学纯。

(5) 苯：化学纯。

(6) 乙醇—苯混合液：用 95%乙醇和苯按体积比 4:1 配成。

(7) 乙醇—乙醚混合液：用 95%乙醇和乙醚按体积比 4:1 配成。

注：所有试剂在使用前均应过滤，然后作溶剂用。

[准备工作]

1. 将装在玻璃瓶中的试样（不超过瓶容积的四分之三），摇动 5min，使混合均匀。

注：如果是石蜡和黏稠的石油产品应预先加热到 40℃ ~ 80℃，润滑油的添加剂加热至 70 ~ 80℃，然后用玻璃棒仔细搅拌 5min。

2. 将定量滤纸放在敞盖的称量瓶中，在 105℃ ~ 110℃的烘箱中干燥不少于 1h，然后盖上盖子放在干燥器中冷却 30min，进行称量，称准至 0.0002g。干燥（第二次干燥时间只需 30min）及称量操作重复至连续两次称量间的差数不超过 0.0004g。记录数据 m_1。

3. 在采用滤纸并以乙醇—乙醚混合液、乙醇—苯混合液为洗涤剂而不继续以蒸馏水洗涤时，应将滤纸折叠放在玻璃漏斗中，用 50ml温热的上述溶剂洗涤，然后干燥和恒重。

[实验步骤]

1. 从混合好的石油产品中称取试样。100℃黏度不大于 20mm²/s 的石油产品称取 100g；100℃黏度大于 20mm²/s 的石油产品称取 25g；蜡和难以过滤的润滑油称取 50g，以上均称准至 0.5g；机械杂质含量大于 1%的重油试样称取 10g，称取至 0.1g；添加剂的试样称取 5g ~ 10g，称取至 0.02g。

汽油属于第一种情况，称取试样 100g。

2. 往盛有石油产品试样的烧杯中加入温热的溶剂油。100℃黏度不大于 20mm²/s 的石油产品加入溶剂油量为试样的 2～4 倍；100℃黏度大于 20mm²/s 的石油产品加入试剂油量为试样的 4～6 倍；重油加入溶剂油量为试样的 5～10 倍；添加剂加入溶剂油量为试样的 10～20 倍。

在测定深色未精制石油产品、酸碱洗的润滑油、含添加剂的润滑油或添加剂的机械杂质时，可用苯作为溶剂。

作为试样溶剂用的溶剂油或苯应在水浴上预热，在预热时不要使溶剂沸腾。

3. 趁热将试样的溶液用恒重好的滤纸过滤，该滤纸是安置在固定于漏斗架上的玻璃漏斗中，溶液沿着玻璃棒倒在滤纸上，过滤时倒入漏斗中溶液高度不得超过滤纸的 3%。用热的溶剂油（或苯）将残留在烧杯中的沉淀物洗到滤纸上。

4. 如试样含水较难过滤时，将试样溶液静置 10min～20min，然后向滤纸中倾倒澄清的溶剂油(或苯）溶液。

此后向烧杯的沉淀物中加入 5~10 倍的乙醇—乙醚混合液，再进行过滤，烧杯中的沉淀要用乙醇—乙醚混合液和温热的溶剂油（或苯）冲洗到滤纸上。

5. 在测定难以过滤的试样时，试样溶液的过滤和冲洗滤纸允许用减压吸滤和保温漏斗，如图 5–1，或红外线灯泡保温等措施。

减压过滤时，可用滤纸或微孔玻璃滤器安装在吸滤瓶上，然后将吸滤瓶与抽气的泵连接。定量滤纸用溶剂润湿，放在漏斗中，使它完全与漏斗紧贴。抽滤速度应控制在使滤液成滴状，而不允许成线状。

微孔玻璃滤器的干燥和恒重与定量滤纸处理过程相同，热过滤时不要使所过滤的溶液沸腾。

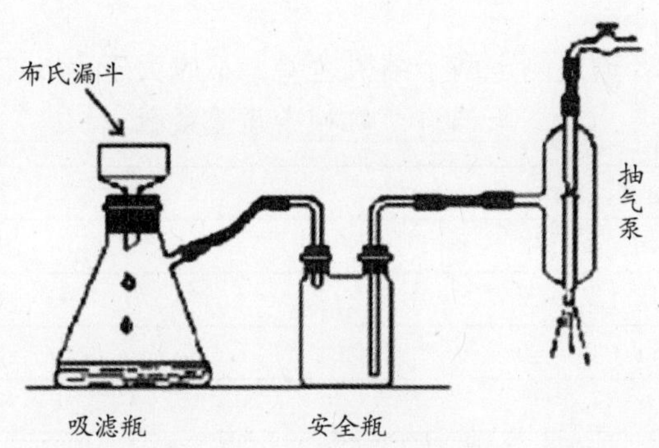

图 5–1 吸滤装置图

注：①新的微孔玻璃滤器在使用前需以铬酸洗液处理，然后以蒸馏水冲洗干净，置于干燥箱内干燥后备用。在做过实验后，应放在铬酸洗液中浸泡 4h～5h 后再以蒸馏水冲洗净，干燥后放入干燥 器内备用。

②当实验中采用微孔玻璃滤器与滤纸所测结果发生争议时，以用滤纸过滤的测定结果为准。

6. 在过滤结束时，对带有沉淀的滤纸，以带橡皮球洗瓶装的热溶剂油冲洗至过滤器中没有残留试样的痕迹，而且使滤除的溶剂完全透明和无色为止。

在测定深色未精制的石油产品、酸碱洗的润滑油、含添加剂的润滑油或添加剂的机械杂质时，可用苯冲洗残渣。

在测定添加剂或含添加剂润滑油的机械杂质时，常有不溶于溶剂油和苯的残渣，可用热的乙醇—乙醚混合液或乙醇—苯混合液冲洗残渣。

7. 在测定添加剂或含添加剂润滑油的机械杂质时，若需要使用热水冲洗残渣，则在带沉淀的滤纸用溶剂冲洗后，要在空气中干燥 10min ~ 15min，然后用 50ml温度为 55℃ ~ 60℃的蒸馏水冲洗。

8. 在带有沉淀的滤纸和过滤器冲洗完毕后，将带有沉淀的滤纸放入已恒重的称量瓶中，敞开盖子，放在 105℃ ~ 110℃烘箱中干燥不少于 1h，然后盖上盖子放在干燥器中冷却 30min，进行称量，称准至 0.0002g。重复干燥（第二次干燥只需 30min）至称量的操作，直至两次连续称量间的差数不超过 0.0004g 为止。记录数据 m_2。

9. 使用滤纸时，必须进行溶剂的空白实验补正。

[结果计算]

试样的机械杂质含量按下式计算：

$$X=\frac{(m_2-m_1)}{m}\times 100 \quad (5-1)$$

式中：m_2—带有机械杂质的滤纸和称量瓶的质量（或带有机械杂质的微孔玻璃滤器的质量），g；

m_1—滤纸和称量瓶的质量（或微孔玻璃滤器的质量），g；

m—试样的质量，g。

[精密度]

重复性：同一操作者重复测定两个结果之差，不应大于表 5-1 的数据值。

表 5-1　机械杂质重复性

机械杂质含量，%	重复性，%
<0.01	0.005
0.01~<0.1	0.01
0.1~<1.0	0.02
>1.0	0.20

[实验报告]

1. 取重复测定两个结果的算术平均值作为实验结果。
2. 机械杂质的含量在 0.005%以下时，认为无。

[操作训练]

1. 定量滤纸及称量瓶恒重。
2. 吸滤操作装置安装，吸滤操作。

汽油机械杂质的测定考评表

序号	考核项目	评分要素	配分	评分要点	扣分	得分	备注
1	实验准备	着装仪表	5	不穿戴实训服 披长发 穿高跟鞋、凉鞋			
2		任务书	10	书写规范 工作原理明确 设计方案完整			
3		仪器清点、清洗	5	仪器数量规格符合任务书 玻璃仪器表面水膜均匀			
4	实验过程	仪器安装	10	玻璃仪器使用是否规范 实验仪器是否破损			
5		试样处理	10	移取有外溅 转移有损失 称量准确 自我防护			
6		实验操作	20	称量瓶及定量滤纸的烘干 称量瓶及定量滤纸的恒重 天平操作 干燥器使用 吸滤瓶安装、连接 过滤操作 清洗残渣操作 带有沉淀的滤纸烘干 独立完成操作			
7		实验现场	10	清洁、整齐 橱柜物品排列整齐 实验台周围杂物			
8	实验报告	实验结果	15	原始记录清晰 公式准确 数据完整 计算正确 修约准确			
9		实验报告	15	内容完整 字迹清晰 实验偏差在标准范围内 讨论问题准确、深刻、有意义			加分

任务六　汽油硫醇含量的测定

【项目描述】

本方法系将无硫化氢试样溶解在乙酸钠的异丙醇溶剂中，用硝酸银醇标准溶液进行电位滴定，电位滴定原理图见图 6–1。用玻璃参比电极和银—硫化银指示电极之间的点位突跃指示滴定终点。在滴定过程中，硫醇硫沉淀为硫醇银。适用于测定含量在 0.0003%～0.01%（m/m）范围内，无硫化氢的喷气燃料、汽油、煤油和轻柴油中的硫醇硫。元素硫含量大于 0.0005%（m/m）时有干扰。

【学习目标】

1. 掌握石油产品中硫醇性硫测定原理。
2. 掌握硫醇测定电位滴定分析方法。
3. 掌握电位滴定分析及其电极的制备。

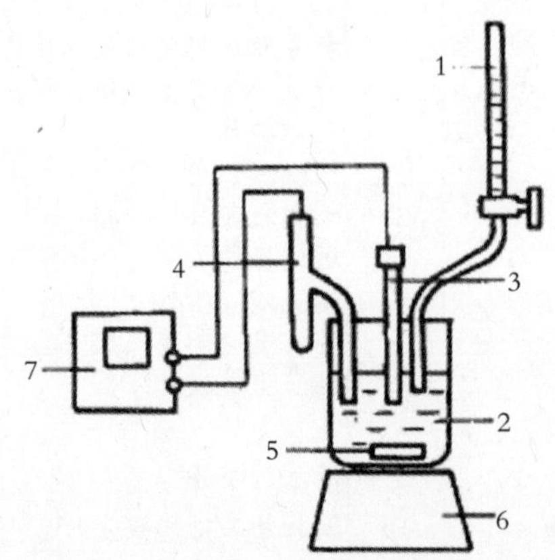

1.滴定管；2.滴定池；3.指示电极；4.参比电极；5.搅拌子；6.磁力搅拌器；7.电位计

图 6–1　实验原理图

[仪器材料]

1. 仪器

（1）滴定管：10ml，分度格 0.05ml，将活塞下端尖嘴拉长 120mm 左右。

（2）电池系统：由参比电极和指示电极组成。参比电极是一支玻璃电极；指示电极为银—硫化银电极。

（3）电位滴定仪表：一台具有输入阻抗大于 $10^{12}\Omega$，量程至少 ± 1V，精确度达到 ± 2mV 的酸度计或毫伏计。电位滴定仪见图 6–2。

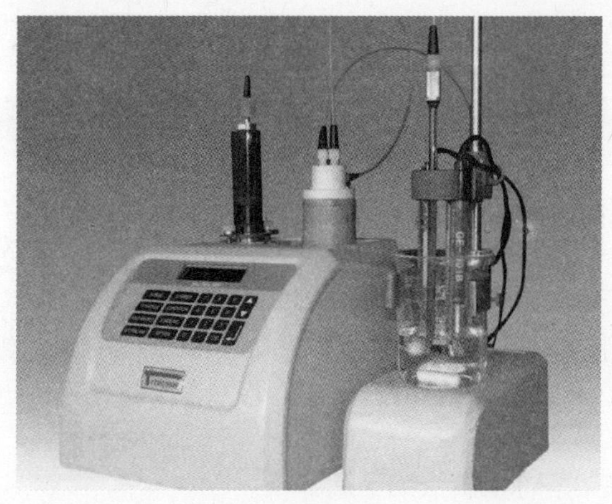

图 6-2 电位滴定仪

(4) 滴定架：外壳带有电极杆的测量仪表与电磁搅拌器并联，接通工作电源和地线。接通或断开电磁搅拌器时，仪表度数应不出现持久变动。

2. 材料

(1) 金相砂纸：磨料粒度为 W20（尺寸范围：20μm ~ 14μm）。

(2) 水：蒸馏水或去离子水。

3. 试剂

(1) 硫酸：化学纯，配成 1:5 的硫酸溶液。

将 1 体积硫酸（注意有毒，为强氧化剂，易引起严重烫伤）缓缓地倒入 5 体积水中。

(2) 硫酸镉（$3CdSO_4 \cdot 8H_2O$）：化学纯，配成酸性溶液。

在水中溶解 150g 硫酸镉（小心有毒，操作后要洗手），加入 10ml硫酸溶液，用水稀释至 1l。

(3) 碘化钾：分析纯。

(4) 异丙醇：分析纯。

注：贮存期久，异丙醇中可能有过氧化物形成。此时，可通过活性氧化铝或硅胶吸附柱脱去。若经过实验（如取约 10ml异丙醇于试管中，滴入 0.1mol/l 硝酸银醇标准溶液，观察有无混浊出现，若有混浊沉淀，即有过氧化物存在），醇中无过氧化物，则不必脱除。

(5) 硝酸银：分析纯。

(6) 硝酸：分析纯。

(7) 硫化钠（Na_2S 或 $Na_2S \cdot 9H_2O$）：分析纯，配成 1%水溶液。在水中溶解 10g 硫化钠（或31g$Na_2S \cdot 9H_2O$），用水稀释至 1l。根据需要配制新鲜溶液。

(8) 结晶乙酸钠或无水乙酸钠：分析纯。

(9) 冰乙酸：分析纯。

[准备工作]

1. 取样

按 GB/T4756《石油和液体石油产品取样法（手工法）》进行取样。

2. 标准溶液的配制

（1）0.1mol/l 碘化钾标准溶液的配制

在水中溶解约 17g（称准至 0.01g）碘化钾，并在容量瓶中用水稀释至 1l。计算精确的摩尔浓度。

（2）0.1mol/l 硝酸银醇标准溶液的配制

在 100ml水中溶解 17g 硝酸银，用异丙醇稀释至 1l。贮存在棕色瓶中，每周标定一次。

标定方法如下：量取 100ml水于 200ml烧杯中，加入 6 滴硝酸（注意为强氧化剂），煮沸 5min，赶掉氮的氧化物。待定冷却后准确量取 5ml0.1mol/L 碘化钾标准溶液于同一烧杯中，用硝酸银醇标准溶液进行电位滴定。滴定曲线的转折点为终点，计算精确的摩尔浓度。

（3）0.01mol/l 硝酸银醇标准溶液的配制

吸取 10ml0.1mol/l 硝酸银醇标准溶液于 100ml棕色容量瓶中，用异丙醇（脱过氧化物）稀释至刻线。有效期不超过 3 天，若出现混浊沉淀，必须另配。

注：在有争议时，需当天配制。

3. 滴定溶剂配制

通常汽油中含分子量低的硫醇，在酸性滴定溶剂中容易损失，应采用碱性滴定溶剂；喷气燃料、煤油和轻柴油中含分子量较高的硫醇，用酸性滴定溶剂，则有利于在滴定过程中更快达到平衡。

（1）碱性滴定溶剂

称取 2.7g 结晶乙酸钠或 1.6g 无水乙酸钠，溶解在 25ml无氧水中，注入到 975ml异丙醇中。

（2）酸性滴定溶剂

称取 2.7g 结晶乙酸钠或 1.6g 无水乙酸钠，溶解在 20ml无氧水中，注入到 975ml异丙醇中，并加 4.6ml冰乙酸。

上述两种滴定溶剂，在每天使用前，均应用快速氮气流净化 10min 以除去溶解氧；贮存时注意保持隔绝空气。

4. 仪器准备

（1）玻璃电极

每次滴定前后，用洁净的擦镜纸擦拭电极，并用水冲洗。隔一段时间后（连续使用时，每周至少一次）置于冷铬酸洗液（注意为强氧化剂）中，搅动几秒钟，清洗一次。不用时，保持下部浸在水中。

（2）银—硫化银电极的制备

使用前，按如下方法涂渍硫化银电极表层：用金相砂纸擦亮电极，直至显出清洁、光亮的银表面。把电极置于操作位置，银丝端浸在含有 8ml1%硫化钠溶液的 100ml酸性滴定溶剂中。在搅拌条件下，从滴定管中慢慢加入 10ml0.1mol/l 硝酸银醇标准溶液，电位滴定硫离子（$S2^{-}$）。滴定时间控制在 10min ~ 15min。从溶液中取出电极，用水冲洗，用擦镜纸擦拭。两次滴定之间，电极存放在含有 0.5ml0.1mol/l 硝酸银醇标准溶液的 100ml酸性滴定溶剂中至少 5min。不用时，与玻璃电极一起浸入水中。

当硫化银表面层不完好或灵敏度低时，应重新涂渍。

注：若需自行制作电极，简易方法如下：将一段长约 120mm、直径 2mm（或稍粗些）的银丝与一导线焊接，装入经加工的玻璃管中。银丝在管的细口端露出约 10mm 使整体成“铅笔形”。玻璃管与银丝间用小塑料管密封。玻璃管粗端与银丝间用电工胶布或其他绝缘材料密封、固定，使银丝在管的中心轴线上。导线连接在电位计的接线柱上。整个电极长短与配合使用的玻璃电极相适应。

[实验步骤]

1. 试样密度的测定

由容量计算式样的质量，按 GB/T1884《石油和液体石油产品密度测定法（密度计法)》测定实验温度下试样的密度。

2. 试样硫化氢的脱除

量取 5ml试样于试管中，加入 5ml酸性硫酸镉溶液后摇动，定性检查硫化氢。若无沉淀出现，则按下条分析试样；若有黄色沉淀出现，按下法脱除。

(1) 把 3 ~ 4 倍分析所需量的试样加到装有等于试样体积一半的酸性硫酸镉溶液的分液漏斗中，剧烈摇动。分离并放出含有黄色沉淀的水相，再用另一份酸性硫酸镉溶液抽提。再放出水相，并用三分 30ml水洗试样。每次洗后将水排出。

(2) 用快速滤纸过滤洗过的试样。此后，再于试管中进一步检查洗过的试样中有无硫化氢。若无沉淀出现，按下条所述进行分析，否则在用酸性硫酸镉溶液抽提，直至硫化氢脱尽。

3. 试样的测定

(1) 吸取或称取无硫化氢试样 20ml ~ 50ml，置于装有 100ml滴定溶剂的 200ml烧杯中。立即将烧杯放置在滴定架的电磁搅拌器上。调节电极位置，使下半部浸入溶剂中。将装有 0.01mol/l 硝酸银醇标准溶液的滴定管固定好，使其尖端伸至烧杯中液面下约 25mm 深。调节搅拌速度，使呈剧烈而无液体飞溅地搅拌。

(2) 记录滴定管及电位计初始度数。加入适当少量的 0.01mol/l 硝酸银醇标准溶液，待电位恒定后，记录毫伏及毫升数。若电位变化小于 6mV/min，即认为恒定。

(3) 根据电位变化情况，决定每次加入 0.01mol/l 硝酸银醇标准溶液的量。当电位变化小时，每次加入量可大至 0.5ml；当电位变化大于 6mV/0.1ml时，需逐次加入 0.05ml，接近终点时经过 5min ~ 10min 才能看到恒定电位。虽然等待电位恒定重要，但为避免滴定期间硫化物被空气氧化，尽量缩短滴定时间也非常重要。滴定不能中断。

注：新制备的电极，电位读数可能反复无常。这种情况通常在以后滴定过程中会消失。

(4) 继续滴定直至电位突跃过后又呈现相对恒定（电位变化小于 6mV/0.1ml）为止。移去滴定管，升高电极夹，先用醇后用水洗净电极，用擦镜纸擦拭。用金相砂纸轻轻地摩擦银—硫化银电极。在同一天的连续滴定之间，将两只电极浸在含有 0.5ml0.1mol/l 硝酸银醇标准溶液的 100ml滴定溶剂或浸在 100ml滴定溶剂中至少 5min。

注：在有争议时，将两支电极浸在含有 0.5ml0.1mol/l 硝酸银醇标准溶液的 100ml滴定溶剂中。

[结果说明]

数据处理：用所加 0.01mol/l 硝酸银醇标准溶液，累计体积对相应电极电位作图，终点选在图 1–16 中滴定曲线的每个“折点”最陡处的最大正值。仪器不同，滴定曲线的形状可以不同，但是，关于终点的说明应如下。

1. 仅有硫醇：若试样中只有硫醇，滴定产生图 6–3 中所示第一类曲线。

2. 硫醇和元素硫：

(1) 当试样中硫醇和元素硫两个共同存在时，与只有硫醇存在相比，初始电位相差约 150mV ~ 300mV。在滴定过程中，由于在溶剂中发生相互化学作用，滴定期间沉淀出硫化银。

(2) 当硫醇存在过量时，硫化银沉淀产生（电位突跃不很明显）之后，接着是硫醇银沉淀。其情况示于图 6–3 中的中间曲线。因为全部硫化银来自等当量的硫醇，所以，硫醇含量必须用硫醇盐终点的总滴定量进行计算。

(3) 当元素流存在过量时，硫化银沉淀的终点与硫醇银位置相同，并且按硫醇硫进行计算。

注：使用不同仪器，电位符号可能相反。

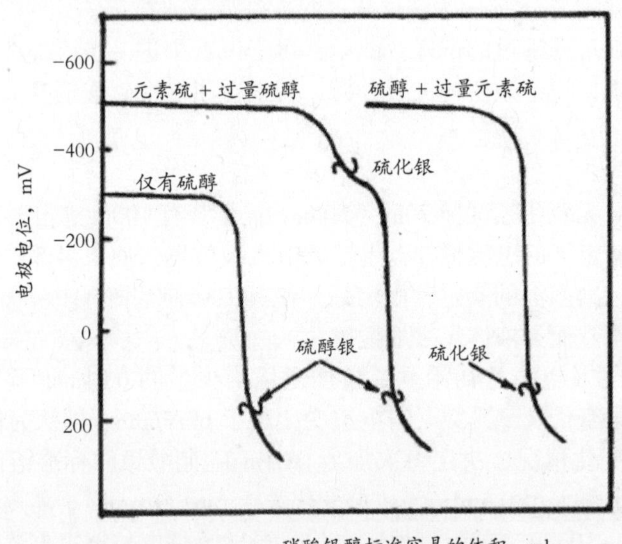

图 6–3　电位滴定曲线示意图

[结果计算]

试样中硫醇硫含量 X［%(m/m)］按下式计算

$$X=(V\times C\times 3.206)/m \quad (6\text{–}1)$$

式中：X—达到滴定终点所消耗的硝酸银醇标准溶液体积，单位 ml；

C—硝酸银醇标准溶液的摩尔浓度，单位 mol/l；

m—实验所用试样的质量，单位 g；

3.206—100 乘以硫醇中硫的毫克原子量，单位 g。

[精密度]

用下述规定判断实验结果的可靠性（95%置信水平）。

1. 重复性：同一操作者，重复测定两个结果之差不应超过 r 和图 6–4 所示数值：

$$r=0.00007+0.027X_1 \quad \cdots\cdots \quad (6\text{–}4)$$

式中：X_1—重复测定的两个硫醇硫结果的平均值，%（m/m）。

2. 再现性：两个实验室，所测定的两个结果之差不应超过 R 和图 6–4 所示数值：

$$R=0.00031+0.042X_2 \quad \cdots\cdots \quad (6\text{–}3)$$

式中：X_2—两个实验室测定的硫醇硫的平均值，%（m/m）。

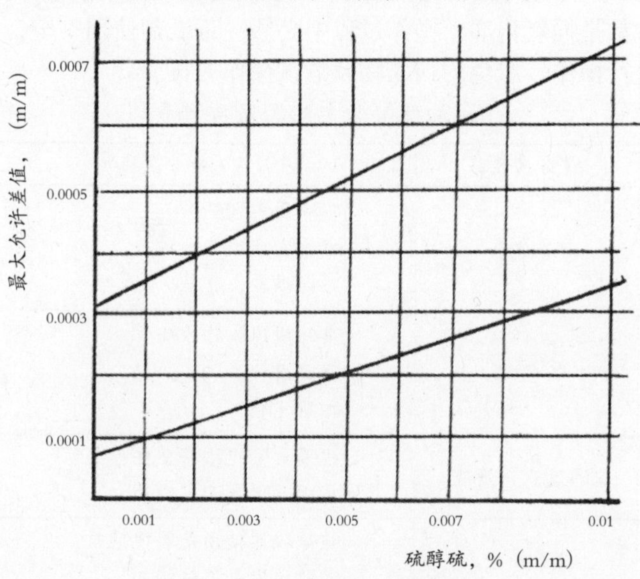

图 6–4　硫醇硫的精密度曲线

[结果报告]

取重复测定两个结果的算术平均值作为试样的硫醇硫含量。

[注意事项]

1. 本实验中使用的化学药品硫酸镉（$3CdSO_4 \cdot 8H_2O$）有毒。

健康危害：急性中毒：吸入可引起呼吸道刺激症状，可发生化学性肺炎、肺水肿。误食后可引起急剧的胃肠道刺激症状，有恶心、呕吐、腹泻、腹痛、里急后重、全身乏力、肌肉痛疼和虚脱等。慢性中毒：慢性中毒以肺气肿、肾功能损害（蛋白尿）为主要表现，其次还有缺铁性贫血、嗅觉减退或丧失等。

应急处理办法：

皮肤接触：脱去污染的衣着，用大量流动清水冲洗，就医。

眼睛接触：提起眼睑，用流动清水或生理盐水冲洗，就医。

吸入：迅速脱离现场至空气新鲜处。保持呼吸道通畅。如呼吸困难，给输氧。如呼吸停止，立即进行人工呼吸，就医。

食入：饮足量温水，催吐，就医。

2. 硝酸银：硝酸银属于强氧化剂、腐蚀品、环境污染物；与部分有机物或硫、磷混合研磨、撞击可燃烧或爆炸；具有腐蚀性。硝酸银接触皮肤会缓慢产生难洗去的黑斑。硝酸银有毒，LD50 约 50mg/kg，致死量约 10g。在使用过程中应密闭操作，加强通风。操作人员必须经过专门培训，严格遵守操作规程。建议操作人员佩戴头罩型电动送风过滤式防尘呼吸器，穿胶布防毒衣，戴氯丁橡胶手套，切忌将其滴在皮肤上。远离火种、热源，工作场所严禁吸烟。远离易燃、可燃物。

灭火方法：采用水、雾状水、沙土、二氧化碳灭火。

3. 硝酸、硫酸都是强氧化剂，操作过程中必须注意试剂使用安全，严格遵守操作规程，在通风橱中进行操作，避免灼伤衣物及危害操作人员。

汽油硫醇含量的测定考评表

序号	考核项目	评分要素	配分	评分要点	扣分	得分	备注
1	实验准备	着装仪表	5	不穿戴实训服 披长发 穿高跟鞋、凉鞋			
2		任务书	10	书写规范工作原理 明确设计 方案完整			
3		仪器清点、清洗	5	仪器数量规格符合任务书 玻璃仪器表面水膜均匀			
4	实验过程	仪器安装	10	玻璃仪器使用是否规范 实验仪器是否破损			
5		试样处理	10	移取有外溅 转移有损失 称量准确 自我防护			
6		实验操作	20	碘化钾标准溶液的配制 硝酸银纯标准溶液的配制 玻璃电极活化 试样硫化氢的脱除 试样的测定 电磁搅拌器控制 滴定速度控制 滴定终点判断 独立完成操作			
7	实验报告	实验现场	10	清洁、整齐 橱柜物品排列整齐 实验台周围杂物			

续表

8	实验报告	实验结果	15	原始记录清晰 公式准确 数据完整 计算正确 修约准确			
9		实验报告	15	内容完整 字迹清晰 实验偏差在标准范围内 讨论问题准确、深刻、有意义			加分

项目二　柴油

柴油是燃料油的重要组成部分，广泛适用于轿车、汽车、拖拉机、内燃机车、工程机械、船舶、和发电机组，对交通运输及国计民生有着重要影响。

任务一　柴油色度的测定

【任务描述】

将试样注入试样容器中，用一个标准光源从 0.5～8.0 值排列的颜色玻璃圆片进行比较，以相等的色号作为该试样的色号。如果试样颜色找不到确切匹配的颜色，而落在两个标准颜色之间，则报告两个颜色中较高的一个颜色。

【学习目标】

1. 掌握用目视比色仪测定油品色度的方法。
2. 了解柴油色度测定原理。
3. 理解油品色度测定意义。

[仪器材料]

1. 仪器

(1) 比色仪

符合下述技术要求，由光源、玻璃颜色标准板、带盖的试样容器和观察目镜等组成。

比色仪使用一种能照亮的，并能通过直接目测或用光学目镜同时观察试样和任一颜色标准比色板的仪器，它应有两个大小和形状相等的照亮面，其一为透光颜色标准比色板的照亮面；另一为透过试样的照亮面。这两个照亮面对称地分布在垂直中线两边，在水平方向最近部分分开的距离对观察者眼睛的视角不小于 2 度，也不得大于 3.6 度。每个照亮面的直径对视角有至少 2.2 度的圆周，并能将照亮面扩展到任意的大小和形状，只要在视野内没有分开距离对视角大于 10 度的两个光点。

(2) 人造光源

①光源可单独分开或做成比色计整体一部分。光源是由温度 2856 开［尔文］的颜色灯、日光滤光玻璃和一个闪光的半透明乳白的玻璃组成。组合元件具有的光谱特性类似于北窗光提供一个照亮度为 900 米 ± 100 米烛光的半透明背景，对着它可观察标准比色板和试样颜色。照亮的半透明乳白玻璃背景应无闪光和阴影。光源必须设计使对观察没有外来

光的干扰。

②凡合格的目光滤光片还应具有这样的特性，即当用 1931CIE 标准照明体 ^{0}A 的光谱透射比数据计算时，x、y、z 颜色坐标和发光透射比 $\tau[\lambda]$的值如下：

$\tau[\lambda]$0.107~0.160

X　0.314~0.330

Y　0.337~0.341

Z　0.329~0.349

（3）玻璃颜色标准比色板表中规定了十六个颜色标准比色板。这些标准比色板的安装要能方便使用。玻璃颜色标准比色板的宽度不少于 14mm。

（4）试样容器：

透明无色玻璃容器，如图 1–1 所示，仲裁实验用指定规格的玻璃试样杯，常规实验允许用内径为 30mm ~ 33.5mm，高为 115mm ~ 125mm 的透明平底玻璃试管。

（5）试样容器盖：

可由任何适当材料制成，盖的内面是暗黑色，能完全防护外来光即可。

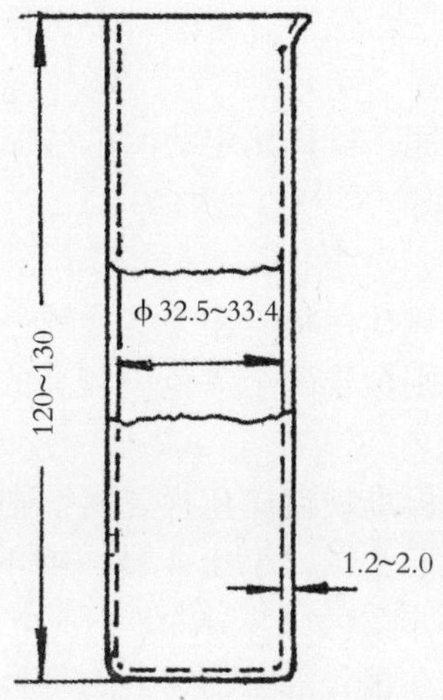

图 1–1　标准玻璃试样杯

2. 材料

稀释剂：煤油，用于实验时稀释深色样品，要求煤油的颜色比在 1l 蒸馏水中溶解 4.8g 重铬酸钾配成的溶液颜色要浅。

[准备工作]

润滑油和石蜡试样需要进行预处理，柴油的色度实验不需要预处理。

[实验步骤]

1. 注入试样

将蒸馏水注入试样容器至 50mm 以上的高度，将该试样容器放在比色计的格室内，通过该格室可观测到标准玻璃比色板，再将装试样的另一试样容器放进另一格室内。盖上盖

子，以隔绝一切外来光线。

2. 测定色度

接通光源，比较试样和标准玻璃比色板的颜色。确定和试样颜色相同的标准玻璃比色板号，当不能完全相同时，则采用相邻颜色较深的标准玻璃比色板号。

[结果报告]

1. 与试样颜色相同的标准玻璃比色板号作为试样颜色的色号。例如 3.0、7.5。

2. 如果试样的颜色居于两个标准玻璃比色板之间，则报告较深的玻璃比色板号，并在色号前面加“小于”，例如：小于 3.0 号，小于 7.5 号。决不能报告为颜色深于给出的标准，例如：大于 2.5 号，大于 7.5 号，除非颜色比 8 号深，可报告为大于 8 号。

3. 如果试样用煤油稀释，则在报告混合物颜色的色号后面加上“稀释”两字。

[精密度]

用下列规定来判断实验结果的可靠性（95%置信水平）。

1. 重复性：同一操作者，同一台仪器，对同一个试样测定的两个结果色号之差不能大于 0.5 号。

2. 再现性：两个实验室，对同一试样测定的两个结果，色号之差也不能大于 0.5 号。

[注意事项]

1. 与试样颜色相同的标准玻璃比色板号作为实验颜色的色号，例如 5.0、7.5。

2. 当出现两个标准颜色时，则报告两个颜色中较高的一个颜色，如 7.0.6.6，则取最后色度为 7。

3. 如果试样的颜色居于两个标准玻璃比色板之间，则报告较深的玻璃比色板号，并在色号前面加“小于”，例如，小于 5 号，小于 4 号。绝不能报告为颜色深于给出的标准，例如，大于 3 号，大于 4 号，除非颜色比 8 号深，可报告为大于 8 号。

4. 如果试样用煤油稀释，则在报告混合物物色的色号后面加上“稀释”两字。

5. 将装有试样与蒸馏水容器放入 SYD-0168 （详见图 1-19）石油产品色度测验器时，要注意两者的摆放位置。

图 1-19　SYD-0168 石油产品色度实验器

6. 每次观察颜色之前要把色号先打乱（即随意调动手轮），防止因视觉疲劳而引起的实验误差。

7. 如发现相邻两次所观察的实验结果不同时，让眼睛休息一下再继续观察。

知识拓展

1. 润滑油和石蜡进行色度实验时需要预处理方法如下：

（1）润滑油试样的预处理

将试样倒入试样容器至 50mm 以上的深度，观察颜色。如果试样不清晰，可将其加热到高于浊点 6℃以上或至混浊消失，然后在该温度下测其颜色。如果试样颜色比 8 号标准颜色更深，则将 15 份样品(按体积)加入 85 份体积的稀释剂混合后，测定混合物的颜色。

（2）石蜡试样的预处理

如果测定石油蜡包括软蜡，将试样加热到高于蜡熔点 11℃ ~ 17℃，并在此温度下测定其颜色。如果试样颜色深于 8 号，则把 15 份熔融的样品(按体积)与同一温度的 85 份体积的稀释剂混合，并测定此温度下混合物的颜色。

2. 国家标准 GB/T6540 中对玻璃比色板进行了详细描述，玻璃颜色标准比色板详见表 1–1。

3. 本实验方法 GB/T 6540—1986（1991）色号与 SH/T 1068–92 方法色号的对照详见表 1–2。

表 1–1 玻璃颜色标准比色板

GB色号	颜色坐标			发光透射比 CIE 标准光源 D65r{ λ }
	x	y	z	
0.5	0.462	0.473	0.065	0.86 ± 0.06
1.0	0.489	0.475	0.036	0.77 ± 0.06
1.5	0.521	0.464	0.015	0.67 ± 0.06
2.0	0.552	0.442	0.006	0.55 ± 0.06
2.5	0.582	0.416	0.002	0.44 ± 0.04
3.0	0.611	0.388	0.001	0.31 ± 0.04
3.5	0.640	0.359	0.001	0.22 ± 0.04
4.0	0.671	0.382	0.001	0.152 ± 0.022
4.5	0.703	0.296	0.001	0.109 ± 0.016
5.0	0.736	0.264	0.000	0.081 ± 0.012
5.5	0.770	0.230	0.000	0.058 ± 0.010
6.0	0.805	0.195	0.000	0.040 ± 0.008
6.5	0.841	0.159	0.000	0.026 ± 0.006
7.0	0.877	0.123	0.000	0.016 ± 0.004
7.5	0.915	0.085	0.000	0.0081 ± 0.0016
8.0	0.956	0.044	0.000	0.0025 ± 0.0006

表 1-2　国标与行业标准色号对照表

序号	GB/T 6540—1986（1991）色号	SH/T 1068-92 色号	备注
1	0~0.5	0~5	
2	0.5~1.0	5~7	
3	1.0~1.5	7~9	
4	1.5~2.0	9~11	
5	2.0~2.5	11~13	
6	2.5~3.0	13~15	
7	3.5	16	
8	4.0	17	
9	4.5	18	
10	5.0	19	
11	5.5	20	
12	6.0	21	
13	6.5	22	
14	7.0	23	
15	7.5	24	
16	8.0	25	

[思考题]

1. SH/T0168 法测得的色度如何与 ISO 标准色号转换？
2. 石油产品变色的原因有哪些？

柴油色度的测定考评表

序号	考核项目	评分要素	配分	评分要点	扣分	得分	备注
1	实验准备	着装仪表	5	不穿戴实训服 披长发 穿高跟鞋、凉鞋			
2		任务书	10	书写规范 工作原理明确 设计方案完整			
3		仪器清点、清洗	5	仪器数量规格符合任务书 玻璃仪器表面水膜均匀			
4	实验过程	仪器安装	10	玻璃仪器使用是否规范 实验仪器是否破损			

续表

<table>
<tr><td>5</td><td rowspan="2">实验过程</td><td>试样处理</td><td>10</td><td>移取有外溅
转移有损失
称量准确
自我防护</td><td></td><td></td><td></td></tr>
<tr><td>6</td><td>实验操作</td><td>20</td><td>比色仪预热
十六个颜色标准色板校对
蒸馏水注入
试样注入
测定色度
独立完成操作</td><td></td><td></td><td></td></tr>
<tr><td>7</td><td rowspan="3">实验报告</td><td>实验现场</td><td>10</td><td>清洁、整齐
橱柜物品排列整齐
实验台周围杂物</td><td></td><td></td><td></td></tr>
<tr><td>8</td><td>实验结果</td><td>15</td><td>原始记录清晰
公式准确
数据完整
计算正确
修约准确</td><td></td><td></td><td></td></tr>
<tr><td>9</td><td>实验报告</td><td>15</td><td>内容完整
字迹清晰
实验偏差在标准范围内
讨论问题准确、深刻、有意义</td><td></td><td></td><td>加分</td></tr>
</table>

任务二　柴油酸度的测定

【项目描述】

本方法系用沸腾的乙醇抽出试样中的有机酸，然后用氢氧化钾乙醇溶液进行滴定。以中和100ml石油产品所需氢氧化钾的毫克数称为酸度。

【学习目标】

1. 掌握柴油酸度的测定原理与实验方法。
2. 熟悉酸碱中和滴定。
3. 掌握回流操作技术。
4. 掌握柴油酸度的表达方式。

[仪器材料]

1. 仪器

(1) 锥形烧瓶，250ml。

(2) 球形回流冷凝管，长约300ml。

(3) 量筒，25ml、50ml和100ml。

(4) 微量滴定管，2ml，分度为0.02ml；或5ml，分度为0.05ml。

(5) 电热板或水浴。

2. 材料

(1) 95%乙醇；分析纯。

精制乙醇：用硝酸银和氢氧化钾溶液处理后，再经沉淀和蒸馏。

(2) 氢氧化钾：分析纯。

配制0.05N氢氧化钾乙醇溶液，称取氢氧化钾2.8g，溶解于1000ml乙醇。

(3) 碱性蓝6B：配制溶液时，称取碱性蓝1g，称准至0.01g。然后将它加在50ml煮沸的95%乙醇中，并在水浴中回流1h，冷却后过滤。必要时，煮热的澄清滤液要用0.05N氢氧化钾乙醇溶液或0.05N盐酸溶液中和，直至加入1～2滴碱溶液能使指示剂溶液从蓝色变成浅红色，而在冷却后又能回复成为蓝色为止，有些指示剂制品经过这样处理变色才灵敏。

碱性指示剂适用于测定深色的石油产品。

(4) 酚酞：配成1%的酚酞乙醇溶液。

酚酞指示剂适用于测定无色的石油产品或在滴定混合物中容易看出浅玫瑰红色的石油产品。

(5) 甲酚红：配制溶液时，称取甲酚红0.1g，称准至0.001g。研细，溶于100ml95%乙醇中，并在水浴中煮沸回流5min，趁热用0.05N氢氧化钾乙醇溶液滴定至甲酚红溶液由橘红色变为深红色，而在冷却后又能回复成橘色为止。

[实验步骤]

1. 取95%乙醇50ml注入清洁无污水的锥形烧瓶内。用装有回流冷凝管的软木塞塞住锥形烧瓶之后（见图2-1），将95%乙醇煮沸5min。

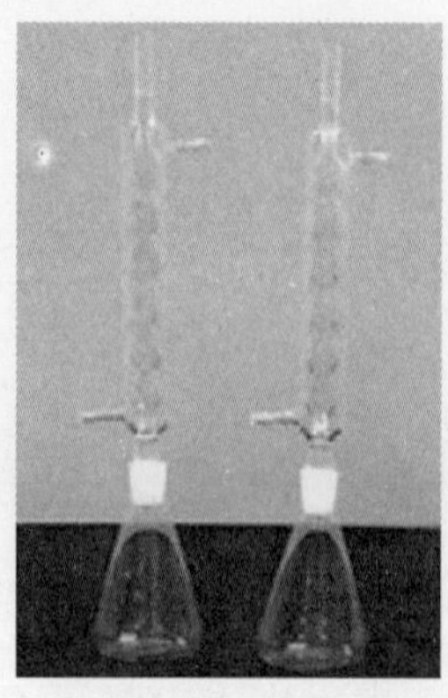

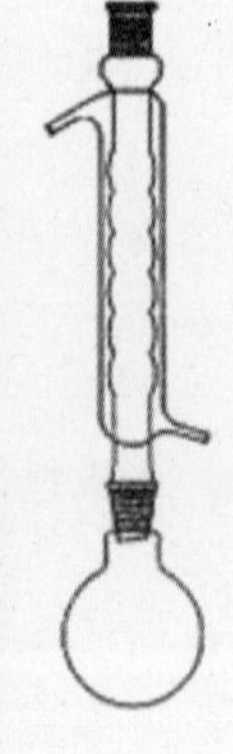

图2-1 回流装置图

2. 在煮沸过的95%乙醇中加入0.5ml的碱性蓝溶液（或甲酚红溶液）后，在不断摇荡下趁热用0.05N氢氧化钾乙醇溶液使95%乙醇中和，直至锥形烧瓶中的混合物从蓝色变为浅红色（或从黄色变为紫红色）为止。

在煮沸过的95%乙醇中加入数滴酚酞溶液代替碱性蓝溶液（或甲酚红溶液）时，按同样方法中和至呈现浅玫瑰红色为止。

3. 将试样注入中和过的热的95%乙醇中，试样的数量：量取柴油试样20ml（汽油、煤油用50ml），需要在20℃ ± 3℃时来量取。在锥形烧瓶装上回流冷凝管之后，将锥形烧瓶中的混合物煮沸5min（对已加有碱性蓝溶液或甲酚红溶液的混合物，此时应再加入0.5ml的碱性蓝溶液或甲酚红溶液），就在不断摇荡下趁热用0.05N氢氧化钾乙醇溶液滴定，直至95%乙醇层的碱性蓝溶液从蓝色变为浅红色（甲酚红溶液从黄色变为紫红色）为止，或直至95%乙醇层的酚酞溶液呈现浅玫瑰红色为止。

在每次滴定过程中，自锥形烧瓶停止加热到滴定到达终点，所经过的时间不应超过3min。

[结果计算]

试样的酸度X（mgKOH/100ml）按下式计算：

$$X=\frac{100V\times T}{V_1} \quad (2\text{–}1)$$

$$T=56.1\times N \quad (2\text{–}2)$$

式中：V—滴定时所消耗的氢氧化钾乙醇溶液的体积，ml；

V_1—试样的体积，ml；

T—氢氧化钾乙醇溶液的滴定度，毫克KOH/ml；

56.1—氢氧化钾的摩尔质量；

N—氢氧化钾乙醇溶液的当量浓度，N。

[精密度]

重复测定两个结果的差数，不应超过下列数值：

表2-1　精密度允许差数

试样名称	允许差数，mgKOH/100ml
汽油、煤油	0.15
柴油	0.3

[结果报告]

取重复测定两个结果的算术平均值，作为试样的酸度，单位以mgKOH/100ml计。

[操作训练]

1. 碱性蓝6B、酚酞、甲酚红指示剂的配制及滴定终点颜色变化的观察。

2. 回流实验装置的安装调试。

3. 实验滴定溶液的配制与标定。

知识拓展　实验室硝酸银的回收处理

化学实验硝酸银使用较普遍，因此每年会产生大量含银废液，如果使其任意排放，不仅会对环境造成危害，而且也使贵金属银大量流失。目前各国都在研究如何降低或清除化学实验室排放物对环境的污染，包括使用无毒或低毒试剂，利用微型实验，回收废液中的有用成分等。近年来，在化工产品和化学试剂市场上，硝酸银不但价格昂贵，而且十分紧缺。因此从各种含银废液中直接回收硝酸银就变得非常重要。通常用锌粉还原回收或者用葡萄糖在碱性条件下回收。

[注意事项]

1. 指示剂用量

每次测定所加的指示剂要按标准中规定的用量加入，以免引起滴定误差。通常用于测定试样酸度(值)的指示剂多为弱酸性有机化合物，本身会消耗碱性溶液，如果指示剂用量多于标准中规定的要求，测定结果将可能偏高。

2. 煮沸条件的控制

实验过程中，待测试液要按标准规定的温度和时间煮沸并迅速进行滴定，以提高抽提效率和减少 CO_2 对测定结果的影响。标准中规定将抽提溶剂预煮沸 5min 后中和以及抽提过程中煮沸 5min 并要求滴定操作在 3min 内完成，除了应达到有效抽提试样中酸性物质和有利油、液两相分层外（第二次煮沸），都是为了驱除 CO_2 并防止 CO_2 溶于乙醇溶液中（CO_2 在乙醇中的溶解度比在水中的高 3 倍）。CO_2 的存在，将使测定结果偏高。

3. 滴定终点的确定

准确判断滴定终点对测定结果有很大的影响。用酚酞作指示剂滴定至乙醇层显浅玫瑰红色为止；用甲酚红作指示剂滴定至乙醇层由黄色变为紫红色为止；用碱性蓝 6B 作指示剂滴定至乙醇层由蓝色变为浅红色为止；用溴麝香草酚蓝作指示剂滴定至乙醇层由黄色变为绿色或蓝绿色为止。对于滴定终点颜色变化不明显的试样，可滴定到混合溶液的原有颜色开始明显地改变时作为滴定终点。

4. 抽出溶液颜色的变化

当遇到抽出溶液颜色较深时，利用颜色指示终点的化学滴定分析方法测定试样的酸度（值）时会产生严重误差，必须改用电位滴定法测定。

[思考题]

1. 什么是石油产品的酸度？如何表示？
2. 测定酸度时，可否使用无水乙醇代替 95%乙醇作为溶剂？为什么？
3. 石油产品中酸性物质主要有哪些？为何不直接用其中组分含量表示？

柴油酸度的测定考评表

<table>
<tr><th>序号</th><th>考核项目</th><th>评分要素</th><th>配分</th><th>评分要点</th><th>扣分</th><th>得分</th><th>备注</th></tr>
<tr><td>1</td><td rowspan="3">实验准备</td><td>着装仪表</td><td>5</td><td>不穿戴实训服
披长发
穿高跟鞋、凉鞋</td><td></td><td></td><td></td></tr>
<tr><td>2</td><td>任务书</td><td>10</td><td>书写规范
工作原理明确
设计方案完整</td><td></td><td></td><td></td></tr>
<tr><td>3</td><td>仪器清点、清洗</td><td>5</td><td>仪器数量规格符合任务书
玻璃仪器表面水膜均匀</td><td></td><td></td><td></td></tr>
<tr><td>4</td><td rowspan="3">实验过程</td><td>仪器安装</td><td>10</td><td>玻璃仪器使用是否规范
实验仪器是否破损</td><td></td><td></td><td></td></tr>
<tr><td>5</td><td>试样处理</td><td>10</td><td>移取有外溅
转移有损失
称量准确
自我防护</td><td></td><td></td><td></td></tr>
<tr><td>6</td><td>实验操作</td><td>20</td><td>回馏装置的连接
乙醇的中和滴定
指示剂数量
试样回馏时间控制
滴定过程控制：速度控制、半滴操作、终点判定
独立完成操作</td><td></td><td></td><td></td></tr>
<tr><td>7</td><td rowspan="3">实验报告</td><td>实验现场</td><td>10</td><td>清洁、整齐
橱柜物品排列整齐
实验台周围杂物</td><td></td><td></td><td></td></tr>
<tr><td>8</td><td>实验结果</td><td>15</td><td>原始记录清晰
公式准确
数据完整
计算正确
修约准确</td><td></td><td></td><td></td></tr>
<tr><td>9</td><td>实验报告</td><td>15</td><td>内容完整
字迹清晰
实验偏差在标准范围内
讨论问题准确、深刻、有意义</td><td></td><td></td><td>加分</td></tr>
</table>

任务三　柴油凝点的测定

柴油是柴油机的燃料，主要由原油蒸馏、催化裂化、热裂化、加氢裂化、石油焦化等过程生产的柴油馏分调配而成；也可由页岩油加工和煤液化制取。用作转速不低于960r/min的压燃式高速柴油发动机的燃料，也可用作各种柴油燃烧器的燃料（如：燃烧机、压铸机、汽车、货车、拖拉机、工程机械、推土机、挖机、起重机、压路机、船舶、锅炉及各种进口发电机组、国产发电机组）。

柴油的标号是以凝点作为指标，因此，顾名思义，0号柴油的凝点为0℃。夏天气候炎热，平均气温在20℃以上，因此，凝点高不会对机械产生太大的影响，但在冬季，若凝点过高，则会造成机械输油管堵塞、熄火。当发现机械产生上述故障或使用的柴油结蜡时，可以判定该0号柴油不合格。我们亦可以取约200ml柴油注入容积约300ml干净、干燥的塑料瓶中盖好、包好，放到冰箱中冷冻1~2h取出，用量程适当的温度计插入瓶中，让柴油融解，测其融点，可以得知该柴油是否合格。因此，凝点的测定对于柴油有着非常重要的意义。接下来我们探讨如何完成测定柴油的冷凝点。

【项目描述】

本测定方法是将试样装在规定的试管中，并冷却到预期的温度时，将试管倾斜45°，经过1min，观察液面是否移动。

石油产品在实验条件下冷却到液面不移动时的最高温度，称为凝点。本方法适用于测定石油产品的凝点。

【学习目标】

1.掌握柴油凝点的定义及测定原理。

2.认识低温实验仪器。

3.掌握低温温度计的使用方法及校准要求。

4.掌握柴油凝点的测定。

[仪器材料]

1. 仪器

（1）圆底试管；高度160ml ± 10ml，内径20ml ± 1ml，在距离管底30ml的外壁处有一环形标线。（见图3–1）

（2）圆底的玻璃套管：高度130ml ± 10ml，内径40ml ± 2ml。（见图3–2）

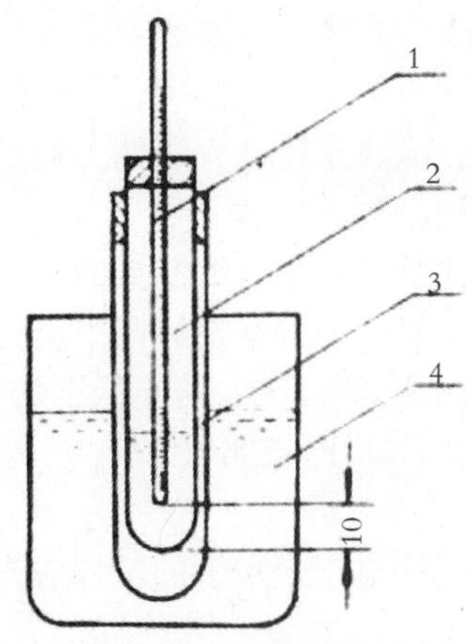

1.温度计；2.干燥试管；3.套管；4.冷却浴

图 3-1　冷凝点玻璃套管

⑶ 装冷却剂用的 2 口保温瓶或筒形容器：高度不少于 160ml，内径不少于 120ml，可以用陶瓷、玻璃、木材，或带有绝缘层的铁片制成。

⑷ 水银温度计：符合 GB / T514《石油产品实验用液体温度计技术条件》的规定，供测定凝点高于 –35℃的石油产品使用。分度值不大于 1℃。

⑸ 液体温度计：符合 GB / T514 的规定，内标式低温温度计（见图 3–2），供测定凝点低于 –35℃的石油产品使用。分度值不大于 1℃。

⑹ 任何型式的温度计：供测定冷却剂温度用。

⑺ 支架：有能固定套管、冷却剂容器和温度计的装置。

⑻ 水浴。

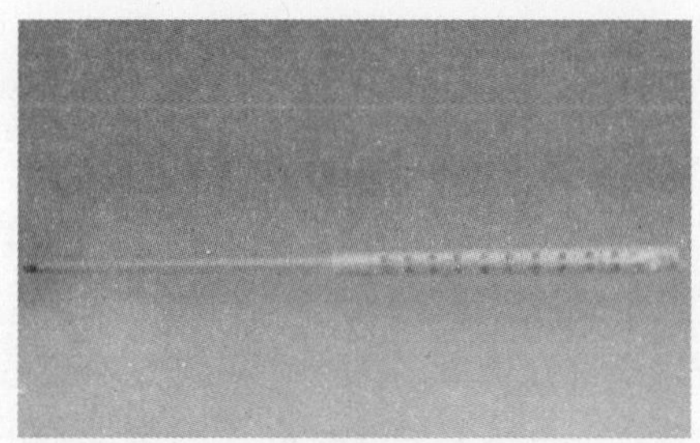

图 3–2　内标式低温温度计

2. 材料

⑴ 冷却剂：实验温度在 0 ℃以上用水和冰；在 0℃ ~ –20℃用盐和碎冰或雪；在 –20℃以下用工业乙醇（溶剂汽油、直馏的低凝点煤油）和干冰（固体二氧化碳）。

注：缺乏干冰时，可以使用液态氮，或者使用半导体制冷器等其他降温手段。

⑵ 试剂无水乙醇：化学纯。

[准备工作]

1. 低温浴的制备

制备含有干冰的低温浴时，在一个装冷却剂用的容器中注入工业乙醇，注入量达到器

内深度的 2/3 处。然后将细块的干冰（大块的干冰必须砸成细块以防止溶解，使热交换量释放集中，造成液体迸溅）放进搅拌着的工业乙醇中，再根据温度要求下降的程度，逐渐增加干冰的用量。每次加入干冰时，应注意搅拌，不使工业乙醇外溅或溢出。冷却剂不再剧烈冒出气体后，添加工业乙醇达到必要的高度。

如果没有干冰，可以使用液氮代替干冰进行低温浴的制备。

注：①使用溶剂汽油制备冷却计时，最好在通风橱中进行。

②干冰是固体二氧化碳，温度 –78.5℃，防止低温灼伤。

③液氮是氮气的液体状态，常压下 –196℃。

2. 试样的脱水处理

试样的脱水按下述方法进行，但是对于含水多的试样应先经静置，取澄清部分来进行脱水。

对于容易流动的试样，脱水处理是在试样中加入新煅烧的粉末状硫酸钠或小粒状氯化钙，并在 10min ~ 15min 内定期摇荡，静置，用干燥的滤纸滤取澄清部分。

对于黏度大的试样，脱水处理使试样预热到不高于 50℃，经食盐层过滤。食盐层的制备是在漏斗中放入金属网或少许棉花，然后在漏斗上铺以新煅烧的粗食盐结晶。试样含水多时需要经过 2 ~ 3 个漏斗的食盐层过滤。

无水的试样直接按本方法下一条开始实验。含水的试样实验前需要脱水，但在产品质量验收实验及仲裁实验时，只要试样的水分在产品标准允许范围内，应同样直接按本方法下一条开始实验。

3. 在干燥、清洁的试管中注入试样，使液面满到环形标线处。用软木塞将温度计固定在试管中央，使水银球在液面下且距管底 8ml ~ 10ml。

4. 装有试样和温度计的试管，垂直地浸在 50℃ ± 1℃的水浴中，直至试样的温度达到 ± 1℃为止。

[实验步骤]

1. 从水浴中取出装有试样和温度计的试管，擦干外壁，用软木塞将试管牢固地装在套管中，试管外壁与套管内壁要处处距离相等。

装好的实验装置要垂直地固定在支架的夹子上，并放在温室中静置，直至试管中的试样冷却到 35℃ ± 5℃为止。然后，将这套装置浸在装好冷却剂的容器中。冷却剂的温度要比试样的预期凝点低 7℃ ~ 8℃。试管（外套管）浸入冷却剂的深度应不少于 70mm。

冷却试样进行降温时，冷却剂的温度必须准确到 ± 1℃。当试样温度冷却到预期的凝点时，将浸在冷却剂中的实验装置倾斜成 45°，并将这样的倾斜状态保持 1min，此时仪器的试样部分仍要浸没在冷却剂内。

此后，从冷却剂中小心取出实验装置，迅速用工业乙醇擦拭套管外壁，垂直放置实验装置，并透过套管观察管里面的液面是否有过移动的迹象。

注：测定低于 0℃的凝点时，实验前应在套管底部注入无水乙醇 1ml ~ 2ml。

2. 当液面位置有移动时，从套管中取出试管，并将试管重新预热至试样达 50℃ ± 1℃，然后用比上次实验温度低 4℃或其他更低的温度重新进行测定，直至某实验温度能使液面位置没移动为止。

注：实验温度低于 –20℃时，重新测定前应将装有试样和温度计的试管放在温室中，待试管试样温度升到 –20℃，才将试管浸在水浴中加热。

3. 当液面位置没有移动时，从套管中取出试管，并将试管重新预热至试样达 50℃ ± 1℃，然后用比上次实验温度高 4℃或其他更高的温度重新进行测定，直至某实验温度能使液面位置有了移动为止。

4. 找出凝点的温度范围（液面位置从移动到不移动或从不移动到移动的温度范围）之后，就采用比移动的温度低 2℃，或采用比不移动的温度高 2℃，重新进行实验。如此反复实验，直至确定某实验温度能使试样的液面停留不动而提高 2℃又能使液面移动时，就取使试样液面不动的温度，作为试样的凝点。

5. 试样的凝点必须进行重复测定。第二次测定时的开始实验温度，要比第一次所测出的凝点高 2℃。

[精密度]

用以下数值来判断结果的可靠性（95%置信水平）：

1. 重复性

同一操作者重复测定两个结果之差不应超过 2.0℃。

2. 再现性

由两个实验室提出的两个结果之差不应超过 4.0℃。

注：本精密度是与 1980 年用 5 个试样，在 13 个实验室开展统计实验，并对实验结果进行数据处理和分析得来的。

[结果报告]

取重复测定两个结果的算术平均值，作为试样的凝点。

在实际生产操作过程中，反复确定低温凝点是非常烦琐的任务，因而如果需要检查判断试样的凝点是否符合某项技术标准，可以采用比技术标准所规定的凝点高 1℃的实验温度来进行凝点检验实验，此时通过实验如果液面的位置能够移动，就可以判断为该试样的凝点合格。结果报告为凝点合格。

知识拓展　液氮小知识

液氮是氮的液态型式，液态氮是惰性的，无色，无臭，无腐蚀性，不可燃，温度极低。氮构成了大气的大部分（体积比 78.03%，重量比 75.5%）。氮是不活泼的，不支持燃烧；在常压下，1m^3 的液氮可以膨胀至 696m^3 21℃ 的纯气态氮。

在工业生产中，液态氮是由空气分馏而得。先将空气净化后，在加压、冷却的环境下液化，借由空气中各组分之沸点不同加以分离。氦气最先泄出(且未被液化)，接着就是占空气中 78.09%的氮气，再是占 20.95%的氧气，空气中占最后是 0.93%的氩气。

氮的沸点为 -196℃，在正常大气压下温度如果在这以下就会形成液氮；如果加压，可以在更高的温度下得到液氮。人体可以直接接触液氮，根据“莱顿弗罗斯特效应”，皮肤不会被冻伤。因此，液氮在医疗领域有着广泛应用。

知识拓展　冷凝仪

伴随着现代科学技术发展，实验室仪器设备有了突飞猛进的发展，低温降温手段更是有了长足的进步。已经有了将降温、搅拌、温度数显集为一体的低温凝点仪（见图 3-2）。内管与套管的配合已经由用脱脂棉密封，改进为磨口配合（见图 3-3）。符合 GB/T 3535《石油产品倾点测定法》、GB/T6986《石油浊点测定法》、SH/T 0248《柴油和民用取暖油冷滤点》等实验方法的要求，适用于测定石油产品的凝点和倾点。

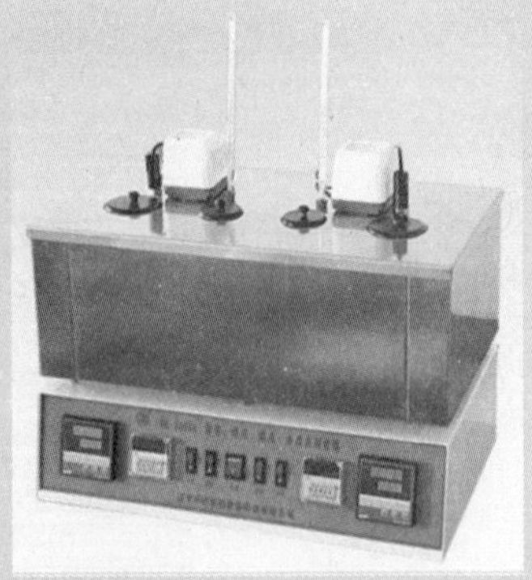

图 3-2　冷凝仪图片

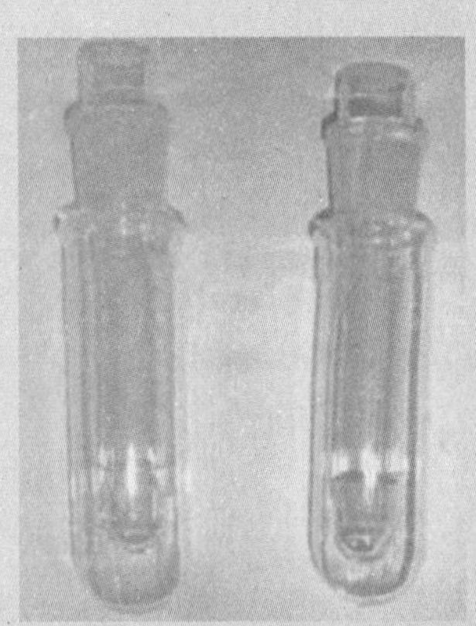

图 3-3　磨口套管图

其特点是：

1. 专业制冷结构，进口压缩机复合制冷，降温迅速、稳定。
2. 仪器采用不锈钢浴槽，防腐蚀，两槽四孔，可进行三种实验。
3. 数字显示控温，控温精度高，数字计时报警，调节方便。
4. 仪器采用分体式结构，避免专用冷源压缩机工作产生震动而影响实验结果。
5. 仪器结构合理，造型美观，操作方便灵活。

柴油凝点的测定考评表

序号	考核项目	评分要素	配分	评分要点	扣分	得分	备注
1	实验准备	着装仪表	5	不穿戴实训服 披长发 穿高跟鞋、凉鞋			
2		任务书	10	书写规范 工作原理明确 设计方案完整			
3		仪器清点、清洗	5	仪器数量规格符合任务书 玻璃仪器表面水膜均匀			
4	实验过程	仪器安装	10	玻璃仪器使用是否规范 实验仪器是否破损			
5		试样处理	10	移取有外溅 转移有损失 称量准确 自我防护			
6		实验操作	20	木塞选择 木塞打孔（打孔器使用） 温度计安装：测试温度计垂度、水银球高度 水浴温度的选择控制 根据温度变化观察试样流动 分别记录试样温度、水浴温度 独立完成操作			
7	实验报告	实验现场	10	清洁、整齐 橱柜物品排列整齐 实验台周围杂物			
8		实验结果	15	原始记录清晰 公式准确 数据完整 计算正确 修约准确			
9		实验报告	15	内容完整 字迹清晰 实验偏差在标准范围内 讨论问题准确、深刻、有意义			加分

任务四　柴油冷滤点的测定

【项目描述】

在规定条件下冷却试样到一定温度时，用 1.961kPa 的压力抽吸，让试样通过一个 363 目过滤器，并以 1℃间隔降温，测定出 60s 内通过过滤器的试样不足 20ml时的最高温度，即为冷滤点。

【学习目标】

1. 了解柴油冷滤点的测定方法原理。
2. 掌握柴油冷滤点的测定方法。
3. 掌握冷滤点装置的安装和操作方法。
4. 掌握柴油冷滤点的计算方法。

[仪器材料]

1. 仪器

（1）石油产品冷滤点实验器，图 4–1；

（2）试杯：玻璃制，平底筒形，规格见图 4–2；

（3）套管：黄铜制，平底筒形；

（4）温度计：选择与被测试样对应的温度计；

（5）过滤器：各部件均为黄铜制，内有黄铜镶嵌 363 目的 004 号不锈钢丝网；

（6）吸量管：玻璃制，20ml处有一刻线，规格见图 4–3；

（7）三通阀：玻璃制，分别与吸量管上部、抽空系统和大气相通；

（8）橡胶塞：用以堵塞试杯的上口，塞子上有三个孔，各用来装温度计、吸量管和通大气支管。稳压水槽上的塞子也有三个孔，分别用来连接水流泵、实验系统和大气；

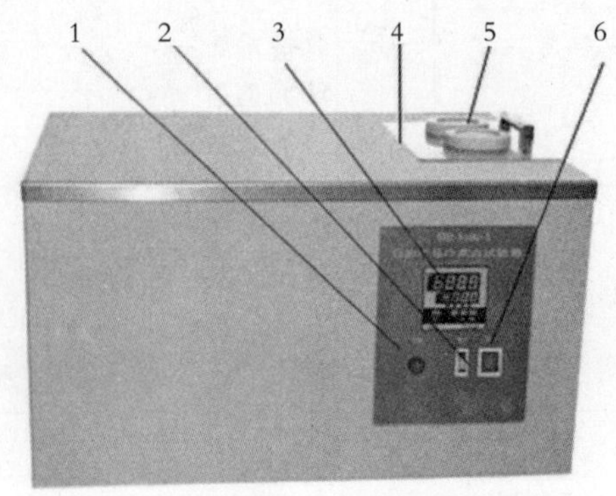

1.计数按钮；2.制冷开关；3.控温仪；4.恒温槽；5.实验洛；6.电源开关

图 4–1　石油产品冷滤点实验器

(9) 抽真空系统：由 U 形管压差计、稳压水槽和水流泵组成；
(10) 冷浴：机械制冷或半导体制冷装置；
(11) 聚四氟乙烯隔环和垫圈；
(12) 秒表；
(13) 电吹风机等。

2. 材料

(1) 溶剂油：符合 GB1922 中 90 号或 SH0005 的规定；
(2) 无水乙醇(化学纯)；
(3) 苯（化学纯）；
(4) 柴油；
(5) 试样（车用柴油）。

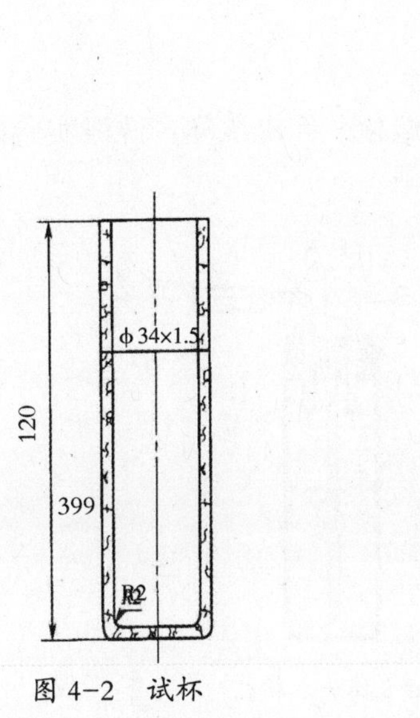

图 4-2 试杯

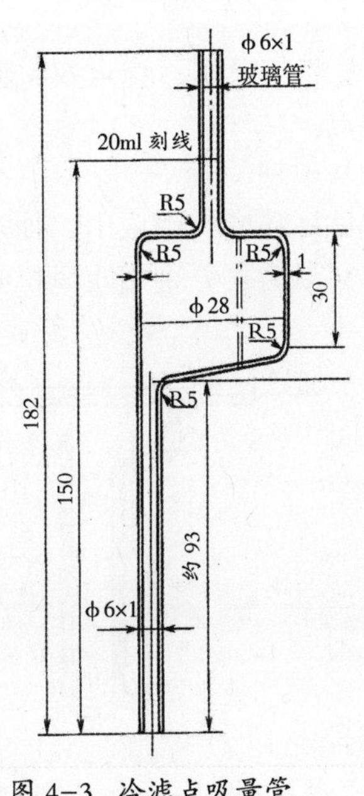

图 4-3 冷滤点吸量管

[准备工作]

1. 试样除杂质：试样中如有杂质，必须将试样加热到 15℃以上，用不起毛的滤纸过滤。

2. 试样脱水：试样中如含有水，应加入煅烧并冷却的食盐、硫酸钠或无水氯化钙处理，脱水后才能进行测定。

3. 准备冷浴：按照试样预期冷滤点设定实验冷槽的温度。也可按预期冷滤点，准备不同温度和数目的冷浴。在整个操作过程中，冷浴要搅拌均匀。

[实验步骤]

1. 安装装置：

仪器如图 4-4 所示，安装温度计、吸量管，过滤器要垂直放于试杯底部，然后置其于热水浴中，使油温达到30℃±5℃。打开套管口的塞子，将准备好的试杯垂直放置于预先冷却到预定温度冷槽的套管内。

2. 连接抽真空系统

将抽真空系统与吸量管上的三通阀连接好。在进行测定前，不要使吸量管与抽真空系统接通。启动水流泵进行抽空，U形管压差计应稳定在指示压差为1.961kPa（200mmH_2O）。

3. 测定冷滤点

当试样冷却到比预期温度稍高时（一般比冷滤点高5℃~6℃），开始第一次测定。转动三通阀，使抽空系统与吸量管接通，同时用秒表计时。当试样上升到吸量管20ml刻线处，关闭三通阀，同时秒表停止计时，转动三通阀，使吸量管与大气相通，试样自然流回试杯。

4. 确定冷滤点

每降低1℃，重复测定操作，直至60s通过过滤器的试样不足20ml为止。记下此时的温度，即为试样冷滤点。

5. 实验仪器洗涤与整理

实验结束时，将试杯从套管中取出，加热熔化，倒出试样，洗涤实验设备。用溶剂油清洗试杯、三通阀等，最后再分别用吹风机吹干。

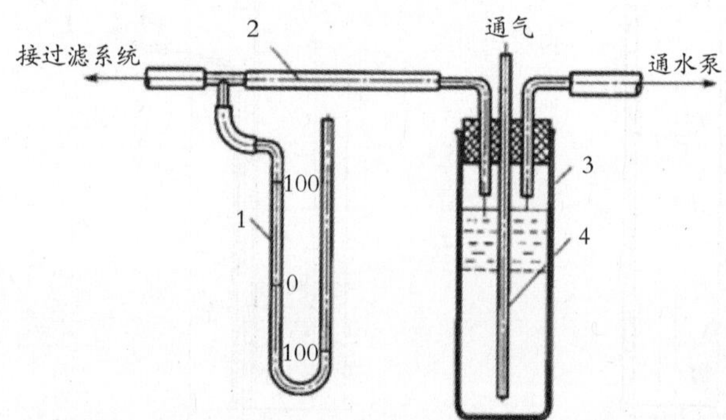

1.U形管压力计；2.乳胶管；3.稳压水槽；4.导气管

图4-4 减压系统组装图

[结果报告]

取两次重复实验结果的算术平均值，报告为本实验结果。

[精密度]

用下述规定判断实验结果的可靠性

1. 重复性

同一操作者重复测定的两个结果之差，不应超过由式（4-1）计算的数值。

$$r=0.033(30-\bar{x}) \quad (4-1)$$

式中：r—重复性最高允许值，℃；

$\bar{x}$—两个测定结果的平均值，℃。

2. 再现性

由两个实验室各自提出的结果之差，不应超过由式（4–2）计算的数值

$$R=0.092\,(30-\bar{x}) \qquad (4\text{–}2)$$

式中：R—再现性最高允许数值，℃；

$\bar{x}$—两个测定结果的平均值，℃。

[注意事项]

1. 过滤系统、减压系统要按标准规定组装，测定时要保持 U 形管压差，使之稳定在 1.961kPa（200mmH_2O）。

2. 按试样冷滤点的范围，按规定控制好冷槽温度。

3. 试样中如有杂质应过滤除去。

4. 转动和关闭三通阀时要平稳，不能使过滤系统震荡，同时启动和停止秒表，保证计时准确。

5. 过滤网的孔径大小直接影响试样过滤的结果，因此，不锈钢滤网经过 20 次测定后要重新更换，以保证滤网的目数为 363。

[思考题]

测定冷滤点，如果滤网长期使用而不更换，对测定结果会有何影响？

柴油冷滤点的测定考评表

序号	考核项目	评分要素	配分	评分要点	扣分	得分	备注
1	实验准备	着装仪表	5	不穿戴实训服 披长发 穿高跟鞋、凉鞋			
2		任务书	10	书写规范 工作原理明确 设计方案完整			
3		仪器清点、清洗	5	仪器数量规格符合任务书 玻璃仪器表面水膜均匀			
4	实验过程	仪器安装	10	玻璃仪器使用是否规范 实验仪器是否破损 确保仪器清洁干燥			
5		试样处理	10	试样除杂质 试样脱水 移取有外溅 转移有损失 称量准确 自我防护			

续表

6		实验操作	20	准备冷浴和热水浴 安装冷滤装置 连接抽真空系统 测定冷滤点：、计时准确、降温均匀、体积读数正确、冷滤点评定正确 独立完成操作			
7	实验报告	实验现场	10	清洁、整齐 橱柜物品排列整齐 实验台周围杂物			
8	实验报告	实验结果	15	原始记录清晰 公式准确 数据完整 计算正确 修约准确			
9		实验报告	15	内容完整 字迹清晰 实验偏差在标准范围内 讨论问题准确、深刻、有意义			加分

任务五　柴油密度的测定——密度计法

【项目描述】

密度计法的基础是阿基米德原理，当被密度计排开的重量等于密度计本身的重量时，密度计将稳定地悬浮在油品中。实验时，使试样处于规定温度（通常为液体的原油、石油产品以及石油产品和非石油产品混合物的20℃），将其倒入温度大致相同的密度计量筒中，选取合适的玻璃石油密度计（以下简称密度计）放入已调好温度的试样中，等待密度计静止。当温度达到平衡后，读取密度计刻度读数和试样温度。用石油计量表把观察到的密度计读数换算成标准密度。如果需要，将密度计量筒及内装的试样一起放在恒温浴中，以避免在测定期间温度变化太大。

本标准规定了使用密度计在实验室测定密度的方法，本标准适用于测定易流动透明液体的密度，这些液体的雷德蒸气压（RVP）小于100kPa。也可使用合适的恒温浴，在高于室温的情况下测定黏稠液体；还能用于不透明液体，读取液体弯月面上缘与密度计干管相切处读数，并用表 1-12 加以修正。

由于密度计的准确读数是在规定的温度下标定的，在其他温度下的刻度读数仅是密度计的读数（称视密度），而不是在该温度下的密度。

【学习目标】

1. 掌握玻璃石油密度计测定的方法原理。
2. 掌握使用恒温水浴实验温度控制。
3. 掌握玻璃石油密度计测定柴油的密度。

[本方法术语]

1. 标准密度

在 20℃和 101.325kPa 下，单位体积液体的质量，以 kg/m^3 或 g/cm^3 表示。

2. 浊点

在规定的条件下，被冷却液体开始出现蜡晶体而使液体混浊时的温度。

3. 倾点

在规定的条件下，被冷却的石油或石油产品尚能流动的最低温度。

[仪器材料]

1. 密度计量筒

由透明玻璃、塑料或金属制成，其内径至少比密度计外径大 25mm，其高度应使密度计在试样中漂浮时，密度计底部的间隔至少有 25mm。

塑料密度计量筒应不变色并抗侵蚀，不影响被测物质的特性。此外，长期暴露在日光下，不应变得不透明。

其尺寸大小应能容纳密度计量筒，使试样完全浸没在恒温浴液体表面以下，在实验期间，能保持实验温度在 ± 0.25℃以内。

注：为了倾倒方便，密度计量筒边缘应有斜嘴。

2. 密度计

玻璃制，符合 SH/T0316 标准和表 5-1 给出的技术要求。密度计形状见图1-29，要用可溯源于国家标准密度计或可溯的标准物质的密度，做定期检定，至少每五年复检一次。

表 5-1 密度计的技术要求

系列	总长最大值	刻线总数及刻线间隔值		标尺最小长度	躯体直径		密度范围最低刻线以下体积		密度范围上下限以外的刻线数
					最小	最大	最小	最大	
	mm	kg/cm^3	g/cm^3	mm	mm	mm	cm^3	cm^3	条
Sy0-2	335	100 ×0.2	100 ×0.0002	105	36	40	108	132	5～10
Sy-05	335	100 ×0.5	100 ×0.0005	125	23	27	50	65	2～5
Sy-10	90	50 ×1	50 ×0.001	50	18	20	18	26	2～3

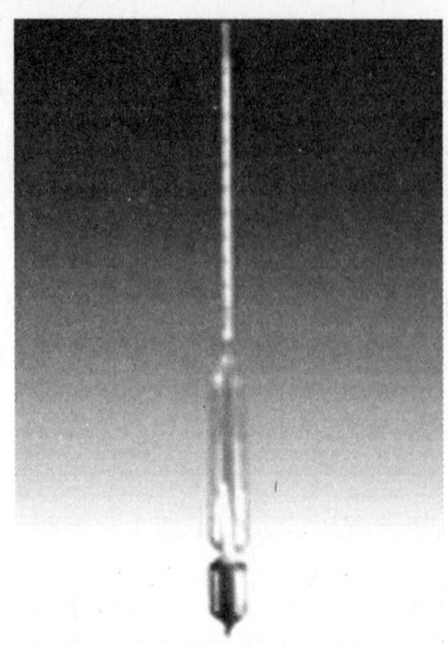

图 5-1 玻璃密度计

3. 温度计

范围、刻度间隔和最大时刻度误差见表 5-2。

温度计要用可溯源于国家标准的标准温度计，定期检定。

表 5-2 密度计的测量范围

系列	测量范围		每支范围		支数	每月面修正 kg/m³
	kg/m³	g/cm³	kg/m³	g/cm³		
Sy～02	600～1100	0.6～1.1	20	0.020	25	+0.3
Sy～05	600～1100	0.6～1.1	50	0.050	10	+0.7
Sy～10	600～1100	0.6～1.1	50	0.050	10	+1.4

4 玻璃或塑料搅拌棒：长约 450mm

5. 取样取样应按 GB/T4756 采取

注：当使用自动取样方法采取挥发性液体时，除非使用体积可变的取样器采取样品并移至实验室，否则会造成轻组分损失，而影响到密度测定的准确度。

[样品制备]

1. 样品混合

混合试样是使用于实验的试样尽可能地代表整个样品所必须的步骤，但在混合操作中，应始终注意保持样品的完整性。为减少轻组分损失，样品应在原来的容器和密闭系统中混合。

注：在开口容器中混合挥发性样品将导致轻组分损失，并影响测到的密度值。

2. 实验温度

把样品加热到使它能充分地流动，但温度不能高到引起轻组分损失，或低到样品中的蜡析出。用密度计法测定密度在标准温度 20℃或接近 20℃最准确。

[准备工作]

1. 检查密度计的基准点确定密度计刻度是否处于干管内的正确位置，如果刻度已移动，应废弃这支密度计。

2. 将密度计量筒和密度计放在与试样一致的环境中进行温度调节，使密度计量筒和密度计的温度接近试样温度，达到 ± 3℃范围内。

[测定方法]

1. 在实验温度下把试样转移到温度稳定、清洁的密度计量筒中，避免试样飞溅和生成空气泡，并要减少轻组分的挥发。

2. 用一片清洁的滤纸除去试样表面上形成的所有气泡。

3. 把装有试样的量筒垂直地放在没有空气流动的地方。在整个实验期间，环境温度变化应不大于 2℃。当环境温度变化大于 ± 2℃时，应使用恒温浴，以免温度变化太大引起的实验结果差异。

4. 用合适的温度计或搅拌棒作垂直旋转运动搅拌试样，如果使用电阻温度计，要用搅拌棒，使整个量筒中试样的密度和温度达到均匀。记录温度接近 0.1℃。从密度计量筒中取出温度计或搅拌棒。

5. 把合适的密度计放入液体中达到平衡位置时放开，让密度计自由漂浮，要注意避免弄湿液面以上的干管，把密度计按到平衡点以下 1mm 或 2mm，并让它回到平衡位置，观察弯月面形状，如果弯月面形状改变，应清洗密度计干管，重复此项操作直到弯月面形状保持不变。

6. 对于不透明黏稠液体，要等待密度计慢慢地沉入液体中。

7. 对透明低黏稠物体，将密度计压入液体中约两个刻度，再放开。由于干管上多余的液体会影响读数，在密度计干管液面以上部分应尽量减少残留液。

8. 再放开时，要轻轻地转动一下密度计，使它能在离开量筒壁的地方静止下来漂浮。要有充分的时间让密度计静止，并让所有气泡升到表面，读数前要除去所有气泡。

9. 当使用塑料量筒时，要用湿布擦拭量筒外壁，以除去所有静电。

注：使用塑料量筒常形成静电荷，并可能妨碍密度计自由漂浮。

10. 当密度计离开量筒壁自由漂浮并静止时，读数密度计刻度值，读到最接近刻度间的 1/5。

11. 测定透明液体，先使眼睛稍低于液面的位置，慢慢地升到表面，先看到一个不正的椭圆，然后变成一条与密度计刻度相切的直线（见图 5–2），密度计读数为液体主液面与密度计刻度相切的那一点。

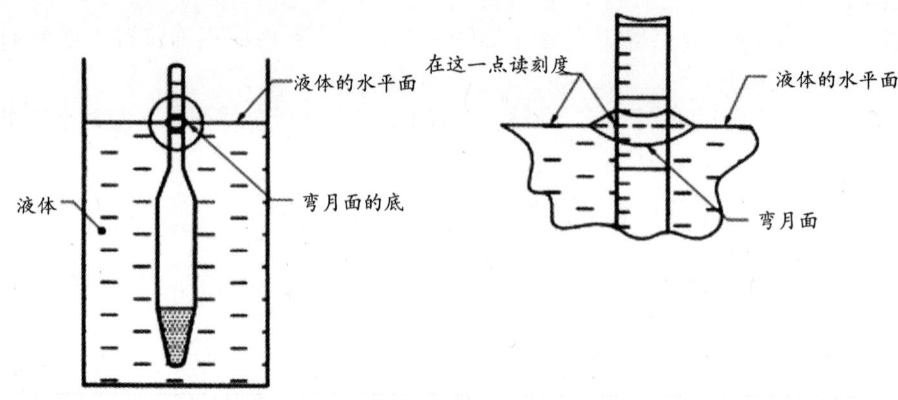

图 5-2 透明液体的密度计刻度读数

12. 测定不透明液体，使眼睛稍高于液面的位置，慢慢地升到表面，先看到一个不正的椭圆，然后变成一条与密度计刻度相切的直线（见图 5-3）密度计读数为液体主液面与密度计刻度相切的那一点。

注：①如使用 SY–I 型或 SY–II 型石油密度计，仍读取液体弯月面上缘与密度计干管相切处的刻度。

②使用金属密度计量筒测定完全不透明试样时，要确保试样液面装满到距离量筒顶端 5mm 以内，这样才能准确读取密度计读数。

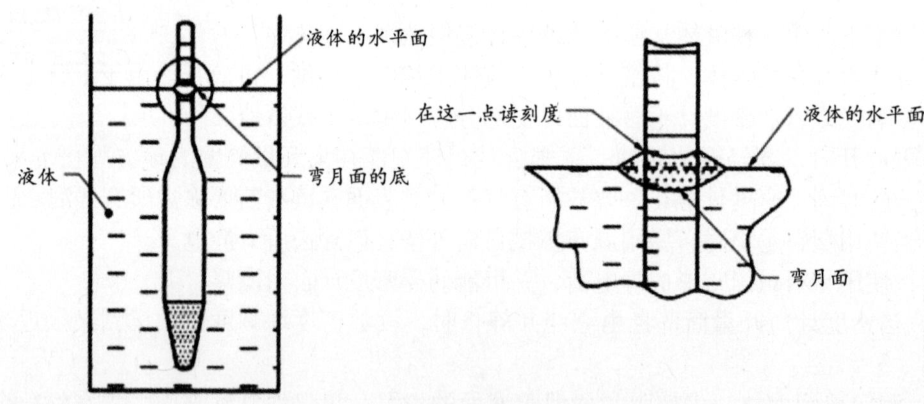

图 5-3 不透明液体的密度计刻度读数

13. 记录密度计读数后，立即小心地取出密度计，并用温度计垂直地搅拌试样。记录温度接近到 0.1℃，如这个温度与开始实验温度相差大于 0.5℃，应重新读取密度计和温度计读数，直到温度变化稳定在 ± 0.5℃以内。如果不能得到稳定的温度，把密度计量筒及其内容物放在恒温浴内，再重新操作。

14. 铅弹蜡封密度计在高于 38℃下使用后，要垂直地晾干和冷却。

[结果计算]

1. 对观察到的温度计读数作有关修正后，记录接近到 0.1℃。

2. 由于密度计读数是按液体主液面检定的，对不透明液体，应按表 11-2 中给出的弯月面修正值对观察到的密度计读数作弯月面修正。

注：对特殊用途的密度计修正值可由实验来确定，将这支密度计浸入与被测试样表面张力相似的透明液体中实验，观察液体在密度计干管上爬升的最大高度。

3. 对观察到的密度计读数作有关修正后，记录到 $0.1kg/m^3$（$0.0001g/cm^3$）。

注：①密度由 kg/m^3 换算到 g/ml应除以 10^3。

②20℃密度与 15℃密度之间相互换算，可使用 GB/T1885 中的表 E1 和表 E2。

[结果报告]

密度最终结果报告准确到 $0.1kg/m^3$（$0.0001g/cm^3$），20℃。

[精密度]

1. 重复性

同一操作者用同一仪器在恒定的操作条件下对同一种测定试样，以实验方法正确地操作所得连续测定结果之间的差，在长期操作实践中，超过表 5-3 所示数值的可能性只有二十分之一。

表 5-3 重复性

石油产品	温度范围，℃	单位	重复性
透明 低黏度	−2 ~ 24.5	kg/m^3 g/cm^3	0.5 0.0005
不透明	−2 ~ 24.5	kg/m^3 g/cm^3	0.6 0.0006

2. 再现性

不同操作者，在不同实验室对同一测定试样，按实验方法正确地操作得到的两个独立的结果之间的差，在长期操作实践中，超过表 5-4 所示数值的可能性只有二十分之一。

表 5-4 再现性

石油产品	温度范围，C	单位	重复性
透明 低黏度	−2 ~ 24.5	kg/m^3 g/cm^3	1.2 0.0012
不透明	−2 ~ 24.5	kg/m^3 g/cm^3	1.5 0.0015

知识拓展

1. 20℃密度值可以使用GB/T1885《石油计量表》换算到相应的15℃密度。

2. 含蜡原油密度测定的预处理

如果原油的倾点高于10℃或浊点高于15℃，在混合样品前，要加热到高于9℃以上，或高于浊点3℃以上。为减少轻组分损失，样品应在原来容器和密闭系统里混合。

3. 含蜡馏分油密度测定的预处理

样品在混合前，把它加热到实验温度20℃

4. 用密度计法测定密度在标准温度20℃或接近20℃最准确。

5. 要在被测样品物化特性合适的温度下取得密度计读数。这个温度最好接近标准温度20℃。当密度值是用于散装石油计量时，在散装石油温度或接近散装石油±3℃下测定密度，可以减少石油体积修正的误差。

若试样的视密度 ρ_t 是在20±5℃范围内测定的，则试样的标准密度 ρ_{20} 可以按下式换算：

$$\rho_{20}=\rho_t+\gamma(t-20) \qquad (5\text{-}1)$$

式中：ρ_{20}—样品的标准密度；

ρ_t—测得的视密度；

t—测得时的温度，℃；

γ—平均密度温度系数，$g.cm^{-3}$/℃；可根据试样密度查油品平均密度温度系数表5-5。

6. 23只组玻璃密度计，量程、分度值、读数方式介绍见表5-6。

表5-5 油品平均密度温度系数表

20℃密度 g/cm^{-3}	平均密度温度系数 g.cm^{-3}/℃	20℃密度 g/cm^{-3}	平均密度温度系数 g.cm^{-3}/℃
0.6650～0.6599	0.00097	0.8000～0.8099	0.00073
0.6600～0.6699	0.00095	0.8100～0.8199	0.00071
0.6700～0.6799	0.00093	0.8200～0.8299	0.00070
0.6800～0.6899	0.00091	0.8300～0.8399	0.00069
0.6900～0.6999	0.00090	0.8400～0.8499	0.00068
0.7000～0.7099	0.00088	0.8500～0.8599	0.00066
0.7100～0.7199	0.00086	0.8600～0.8699	0.00065
0.7200～0.7299	0.00085	0.8700～0.8799	0.00064
0.7300～0.7399	0.00083	0.8800～0.8899	0.00063
0.7400～0.7499	0.00081	0.8900～0.8999	0.00062

表 5-6 23 支组密度计

量程（kg/m^3）	分度值（kg/m^3）	全长（mm）	标温（℃）	读数方式
600～650	2.0	80±10	20	下缘
650～700	2.0	80±10	20	下缘
700～760	2.0	80±10	20	下缘
760～820	2.0	80±10	20	下缘
820～880	2.0	80±10	20	下缘
880～940	2.0	80±10	20	下缘
940～1000	2.0	80±10	20	下缘
1000～1060	2.0	80±10	20	下缘
1060～1120	2.0	80±10	20	下缘
1120～1180	2.0	80±10	20	下缘
1180～1240	2.0	80±10	20	下缘
1240～1300	2.0	80±10	20	下缘
1300～1360	2.0	80±10	20	下缘
1360～1420	2.0	80±10	20	下缘
1420～1480	2.0	80±10	20	下缘
1480～1540	2.0	80±10	20	下缘
1540～1600	2.0	80±10	20	下缘
1600～1660	2.0	80±10	20	下缘
1660～1720	2.0	80±10	20	下缘
1720～1780	2.0	80±10	20	下缘
1780～1850	2.0	80±10	20	下缘
1850～1920	2.0	80±10	20	下缘
1920～2000	2.0	80±10	20	下缘

柴油密度的测定考评表

序号	考核项目	评分要素	配分	评分要点	扣分	得分	备注
1	实验准备	着装仪表	5	不穿戴实训服 披长发 穿高跟鞋、凉鞋			
2		任务书	10	书写规范 工作原理明确 设计方案完整			
3		仪器清点、清洗	5	仪器数量规格符合任务书 玻璃仪器表面水膜均匀			

续表

4		仪器安装	10	玻璃仪器使用是否规范 实验仪器是否破损 确保仪器清洁干燥			
5	实验过程	试样处理	10	样品充分混合 充分地流动 移取有外溅 转移有损失 称量准确 自我防护			
6		实验操作	20	恒温浴调节控制±0.25℃ 控制试样飞溅和气泡 正确选择密度计的顺序 控制干管部分的试样量 密度计悬浮正确 正确读取数据 独立完成操作			
7		实验现场	10	清洁、整齐 橱柜物品排列整齐 实验台周围杂物			
8	实验报告	实验结果	15	原始记录清晰 公式准确 数据完整 计算正确 修约准确			
9		实验报告	15	内容完整 字迹清晰 实验偏差在标准范围内 讨论问题准确、深刻、有意义			加分

任务六　柴油水分的测定

【项目描述】

将一定体质量的被测样品和与水不相溶的溶剂共同加热回流，溶剂可将样品中的水携带出来，不断冷凝下来的溶剂和水在接收器中分离开来，水沉积在带刻度的接收器中，溶剂流回蒸馏器中。待水分全部抽出，由接收器中水的体积计算出水含量。

本实验将100g试样与100ml无水溶剂油混合，放入微量水分分析仪进行蒸馏，测定其水分含量并以质量分数表示。

【学习目标】

1. 了解石油产品微量水分含量的方法。
2. 掌握蒸馏法测定油品中水分含量的操作技能步骤。
3. 掌握水分含量的计算和表示方法。
4. 熟悉有机蒸馏操作注意事项。

[仪器材料]

1. 仪器

水分测定器（见图6–1），包括圆底烧瓶（容量为500ml）、水分接受器（见图6–2）、直管式冷凝管（长度为250mm ~ 300mm）。

水分测定器的各部分连接处，可以用磨口塞或软木塞连接（仲裁实验时必须用磨口塞连接）。接受器的刻度在0.3ml以下设有十等分的刻线；0.3ml ~ 1.0ml之间设有七等分的刻线；1.0ml ~ 10ml之间每分度为0.2ml。

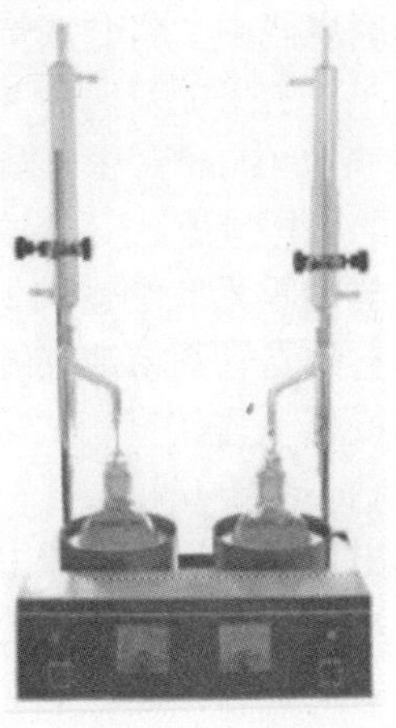

图6–1　微量水分测定器

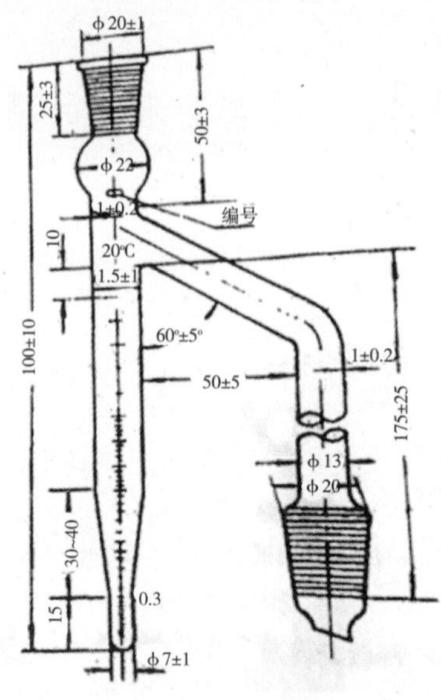

图 6-2　水分接受器

2. 材料

（1）溶剂：采用工业溶剂油或直馏汽油在 80℃以上的馏分，溶剂在使用前必须脱水和过滤；

（2）无釉瓷片(素瓷片，使用前必须经过干燥)；

（3）沸石或一端封闭的玻璃毛细管(使用前必须经过干燥)；

（4）试样油或柴。

[实验步骤]

1. 试样预处理：将装入量不超过瓶内容积 3/4 的试样摇动 5min，要混合均匀。黏稠的或含石蜡的石油产品应预先加热至 40℃～50℃，才能进行摇匀。

2. 向预先洗净并烘干的圆底烧瓶内称入摇匀的试样 100g，称准至 0.1g。

用量筒取 100ml 溶剂，注入圆底烧瓶中。将圆底烧瓶中的混合物仔细摇匀后，投入一些无釉瓷片、浮石或毛细管。

注：①黏度小的试样可以用量筒取 100ml，注入圆底烧瓶中，再用这只未经洗涤的量筒量出 100ml 的溶剂。圆底烧瓶中的试样重置，等于试样的密度乘 100 所得之积。

②试样的水分超过 10%时，试样的重量应酌量减少，要求蒸出的水不超过 10ml。

3. 洗净并烘干的接受器，要用它的支管紧密地安装在圆底烧瓶上，使支管的斜口进入圆底烧瓶 15mm～20mm。然后在接受器上连接直管式冷凝管。冷凝管的内壁要预先用棉花擦干。安装时，冷凝管与接受器的轴心线要互相重合，冷凝管下端的斜口切面要与接受器的支管管口相对。为了避免蒸气逸出，应在塞子缝隙上涂抹火棉胶。进入冷凝管的水温与室温相差较大时，应在冷凝管的上端用棉花塞住，以免空气中的水蒸气进入冷凝管凝结。

注：允许在冷凝管的上端外接一个干燥管，以免空气中的水蒸气进入冷凝管凝结。

4. 用电炉、酒精灯或调成小火焰的煤气灯加热圆底烧瓶，并控制回流速度，使冷凝管的斜口每秒滴下 2 ~ 4 滴液体。

5. 蒸馏将近完毕时，如果冷凝管内壁沾有水滴，应使圆底烧瓶中的混合物在短时间内进行剧烈沸腾，利用冷凝的溶剂将水滴尽量流入接受器中。

6. 接受器中收集的水体积不再增加，而且溶剂的上层完全透明时，应停止加热。回流的时间不应超过 1h。

停止加热后，如果冷凝管内壁仍沾有水滴，应从冷凝管上端倒入规定的脱水和过滤溶剂，把水滴冲进接受器。如果溶剂冲洗依然无效，就用金属丝或细玻璃棒带有橡皮或塑料头的一端，把冷凝内壁的水滴刮进接受器。

7. 圆底烧瓶冷却后，将仪器拆卸，读出接受器中收集水的体积。

当接受器中的溶剂呈现混浊，而且管底收集的水不超过 0.3ml 时，将接受器放入热水中浸 20min ~ 30min，是溶剂澄清，再将接受器冷却到室温，才读出管底收集水的体积。

[结果计算]

1. 试样的水重量百分比含量 X 按式（6–1）计算：

$$X=\frac{V}{G}\times 100 \qquad (6\text{–}1)$$

式中：V—在接受器中收集水的体积，ml；

G—试样的重量，g。

注：水在室温的密度可以视为 1，因此用水的 ml 数作为水的克数。试样的重量为 100 ± 1g 时，在接受器中收集水的 ml 数，可以作为试样的水分量含量测定结果。

2. 试样的水分体积百分含量 Y 按式（6–2）计算：

$$Y=\frac{V.\rho}{G}\times 100 \qquad (6\text{–}2)$$

式中：V—接受器中收集水的体积，ml；

ρ—注入烧瓶时的试样的密度，g/ml；

G—试样的重量，g。

注：量取 100ml 试样时，在接受器中收集水的 ml 数，可以作为试样的水体积百分含量测定结果。

[精密度]

同一个实验室，由同一操作者使用同一仪器，按照相同方法，对同一试样连续测定的两个实验结果，收集水的体积差数，不应超过接受器的一个刻度。

[结果报告]

1. 取两次测定的两个结果的算术平均值，作为试样的水分。

2. 试样的水分少于 0.03% 认为是痕迹。在仪器拆卸后接受器中没有水存在，认为试样无水。

知识拓展　为什么要测定石油产品中的水分

石油产品的水分对石油产品的质量有重要影响，轻质燃料含有水分，会使油品的冰点、结晶点升高，导致其低温流动性变差，造成过滤器及油路堵塞，使供油中断酿成事故。喷气燃料中含水，会破坏燃料对发动机的润滑作用，同时会导致絮状物和微生物生成。润滑油中含有水分，会破坏润滑油膜的形成，降低润滑效果，且水分中的无机盐会增加润滑油的腐蚀性，给设备带来腐蚀及磨损。另外，水分也会占有油品的体积，影响油品的价格，消耗不必要的运输、储存设备的空间。因此，需要对石油中的水分测定和限制。

[思考题]

1. 测定水分时加入溶剂油的作用是什么？
2. 测定水分时为什么要注意控制对蒸馏烧瓶的加热速度？
3. 测出的水分含量如何换算成体积百分含量？

柴油水分的测定考评表

序号	考核项目	评分要素	配分	评分要点	扣分	得分	备注
1	实验准备	着装仪表	5	不穿戴实训服 披长发 穿高跟鞋、凉鞋			
2		任务书	10	书写规范 工作原理明确 设计方案完整			
3		仪器清点、清洗	5	仪器数量规格符合任务书 玻璃仪器表面水膜均匀 玻璃仪器烘干			
4	实验过程	仪器安装	10	玻璃仪器使用是否规范 实验仪器是否破损			
5	实验过程	试样处理	10	移取有外溅 转移有损失 称量准确 自我防护 移取过程中不得有水分带入			

续表

6		实验操作	20	实验装置安装正确 冷凝水循环正确，水量适宜 沸石加入是否正确 升温控制 回流速度控制 实验结束操作 冷凝水和加热器的关闭顺序 冷凝壁液体处理 水分读取 独立完成操作			
7	实验报告	实验现场	10	清洁、整齐 橱柜物品排列整齐 实验台周围杂物			
8		实验结果	15	原始记录清晰 公式准确 数据完整 计算正确 修约准确			
9		实验报告	15	内容完整 字迹清晰 实验偏差在标准范围内 讨论问题准确、深刻、有意义			加分

任务七　柴油运动黏度的测定

黏度测定有动力黏度、运动黏度和条件黏度三种测定方法。

1. 动力黏度：ηt 是二液体层相距 1cm，其面积各为 1cm² 相对移动速度为 1cm/s 时所产生的阻力，单位为 g/cm·s。1g/cm·s=1 泊。一般工业上动力黏度单位用泊来表示。

2. 运动黏度：在温度 t℃时，运动黏度用符号 ν 表示，在国际单位制中，运动黏度单位为斯，即每秒平方米（m^2/s），实际测定中常用厘斯（cst），表示厘斯的单位为每秒平方 ml（即 1cst=1mm^2/s）。运动黏度广泛用于测定喷气燃料油、柴油、润滑油等液体石油产品深色石油产品、使用后的润滑油、原油等的黏度，运动黏度的测定采用逆流法。

3. 条件黏度：指采用不同的特定黏度计所测得的以条件单位表示的黏度，各国通常用的条件黏度有以下三种：

①恩氏黏度又叫恩格勒（Engler）黏度。是一定量的试样，在规定温度（如 50℃、80℃、100℃）下，从恩氏黏度计流出 200ml 试样所需的时间与蒸馏水在 20℃流出相同体积所需要的时间（秒）之比。温度 t° 时，恩氏黏度用符号 Et 表示，恩氏黏度的单位为条件度，用符号 °E 代表。

②赛氏黏度，即赛波特（sagbolt）黏度。是一定量的试样，在规定温度（如 100°F、F210°F 或 122°F等）下从赛氏黏度计流出 200ml 所需的秒数，以“秒”为单位。赛氏黏度又分为赛氏通用黏度和赛氏重油黏度［或赛氏弗罗（Furol）黏度］两种。

③雷氏黏度即雷德乌德（Redwood）黏度。是一定量的试样，在规定温度下，从雷氏度计流出 50ml 所需的秒数，以“秒”为单位。雷氏黏度又分为雷氏 1 号（Rt 表示）和雷氏 2 号（用 RAt 表示）两种。

上述三种条件黏度测定法，在欧美各国常用，我国除采用恩氏黏度计测定深色润滑油及残渣油外，其余两种黏度计很少使用。三种条件黏度表示方法和单位各不相同，但它们之间的关系可通过图表进行换算。同时恩氏黏度与运动黏度也可换算，这样就方便灵活得多了。

【项目描述】

本方法是在某一恒定的温度下，测定一定体积的液体在重力下流过一个标定好的玻璃毛细管黏度计的时间，黏度计的毛细管常数与流动时间的乘积，即为该温度下测定液体的运动黏度。在温度 t 时运动黏度用符号 νt 表示。

该温度下运动黏度和同温度下液体的密度之积为该温度下液体的动力黏度。在温度t 时的动力黏度用符号 ηt 表示。

【学习目标】

1. 熟悉石油产品运动黏度的仪器结构。
2. 掌握石油产品运动黏度的原理。
3. 掌握石油产品运动黏度的测定方法。
4. 掌握柴油运动黏度的测定方法。

[仪器材料]

1. 仪器

（1）黏度计

①玻璃毛细管黏度计应符合 SH/T0173《玻璃毛细管黏度计技术条件》的要求。也允许采用具有同样精度的自动黏度计。

②玻璃毛细管黏度计一组，其玻璃毛细管内径分别为 0.4mm、0.6mm、0.8mm、1.0mm、1.2mm、1.5mm、2.0mm、2.5mm、3.0mm、3.5mm、4.0mm、5.0mm 和 6.0mm，黏度计结构见图 7–1。

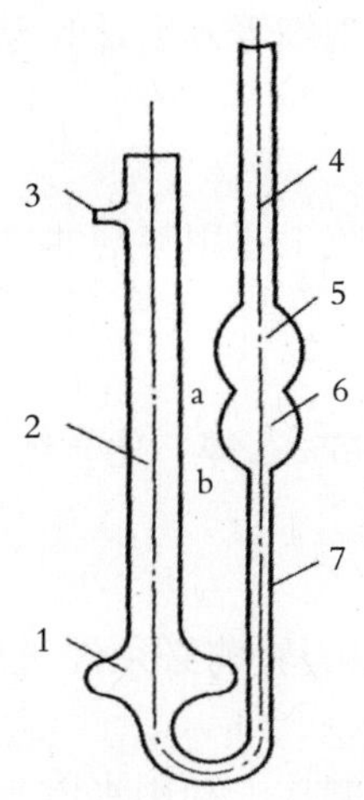

1.5.6.扩张部分；2.4.管身；3.支管；7.毛细管；a.b.标线

图 7–1　玻璃毛细管黏度计示意图

③每支黏度计必须按 JJG 155《工作毛细管黏度计检定规程》进行检定并确定常数。测定试样的运动黏度时，应根据实验的温度及实验条件选用适当的黏度计，务必使试样的流动时间不少于 200s，内径 0.4mm 的黏度计流动时间不少于 350s。

(2) 恒温浴

带有透明壁或装有观察孔的恒温浴，其高度不小于 180mm，溶剂不小于 2l，并且附设着自动搅拌装置和一种能够准确地调节温度的电热装置。

在 0℃和低于 0℃测定运动黏度时，使用筒形又开有看窗的透明保温瓶，其尺寸与前述的透明恒温浴相同，并设有搅拌装置。

根据测定的条件，要在恒温浴中注入不同的液体，选择液体与温度的对应关系，如表 7–1，可以选择任何一种列举的液体。

表 7–1　实验温度与恒温液体的选择

测定的温度，℃	恒温浴液体
50~100	透明矿物油，丙三醇（甘油）或 25%硝酸氨水溶液（该溶液的表面会浮着一层透明的矿物油）
20~50	水
0~20	水与冰混合物，或乙醇与干冰（固体二氧化碳）的混合物
–50~0	乙醇与干冰的混合物；在无乙醇的情况下，可用无铅汽油代替

注：恒温中的矿物油最好加有抗氧化添加剂，延缓氧化，延长使用时间。

(3) 玻璃水银温度计

符合国家标准 GB/T 514《石油产品实验用液体温度计技术条件》要求，计量精度为每分格 0.1℃。测定 –30℃以下运动黏度时，可以使用同样分格值的玻璃合金温度计或其他玻璃液体温度计。

(4) 秒表

分格为 0.1s。

用于测定石油产品黏度的秒表、毛细管黏度计和温度计都必须经过定期检查、校准。

2. 材料

(1) 溶剂油

120# 溶剂汽油；符合 SH0004 橡胶工业用溶剂油要求，以及可溶的适当溶剂。

(2) 铬酸洗液

(3) 试剂

石油醚：60℃~90℃，分析纯；95%乙醇：化学纯。

[准备工作]

1. 试样含有水或机械杂质时，在实验前必须经过脱水处理，用滤纸过滤除去机械杂质。

对于黏度大的润滑油，可以用瓷漏斗，利用水流泵或其他真空泵进行吸滤，也可以在加热至 50℃~100℃的温度下进行脱水过滤。

2. 在测定试样的黏度之前，必须将黏度计用溶剂油或石油醚洗涤，如果黏度计有污垢，就用铬酸洗液、水、蒸馏水或 95%乙醇依次洗涤。然后放入烘箱中烘干或用通过棉花滤过的热空气吹干。

3. 测定运动黏度时，在内径符合要求且清洁、干燥的毛细管黏度计内装入试样。在装试样之前，将橡皮管套在支管“3”上，并用手指堵住管身“2”的管口，同时倒置黏度计，然后将管身“4”插入装着试样的容器中；这时利用橡皮球、水流泵或其他真空泵将液体吸到标线“b”，同时注意不要使管身“4”，扩张部分“5”和“6”中的液体发生气泡和裂隙。当液面达到标线“b”时，就从容器里提起黏度计，并迅速恢复其正常状态，同时将管身“4”的管端外壁所黏着的多余试样擦去，并从支管“3”取下橡皮管套在管身“4”上。

4. 将装有试样的黏度计浸入事先准备妥当的恒温浴中，并用夹子将黏度计固定在支架上，在固定位置时，必须把毛细管黏度计的扩张部分“5”浸入一半。

温度计要利用另一只架子来固定，务使水银球的位置接近毛细管中央点的水平面，并使温度计上要测温的刻度位于恒温浴的液面上 10mm 处。

使用全浸式温度计时，如果它的恒温刻度露出恒温浴的液面，就依照公式（7–1）计算温度计液柱露出部分的补正数Δt，才能准确地量出液体的温度：

$$\Delta t = k \cdot h\ (t_1 - t_2) \qquad (7\text{–}1)$$

式中：k——常数，水银温度计采用 k=0.00016，酒精温度计采用 k =0.001；

h——露出在浴面上的水银柱或酒精柱高度，用温度计的度数表示；

t_1——测定黏度时的规定温度，℃；

t_2——接近温度计液柱露出部分的空气温度，℃（用另一支温度计测出）。

实验时取 t_1 减去Δt 作为温度计上的温度读数。

[实验步骤]

1. 安装黏度计：将黏度计调整成为垂直状态，要利用铅垂线从两个相互垂直的方向去检查毛细管的垂直情况。将恒温浴调整到规定的温度，把装好试样的黏度计浸在恒温浴内，经恒温如表 7–2 规定的时间。

实验的温度必须保持恒定到 ± 0.1℃。

表 7–2　黏度计在恒温浴中的恒温时间与实验温度关系

实验温度，℃	恒温时间，min
80，100	20
40，50	15
20	10
−50 ~ 0	15

2. 利用洗耳球，通过毛细管黏度计管身“4”口所套着的橡皮管，将试样吸入扩张部分“6”，使试样的液面稍高于标线“a”，并且注意不要让玻璃毛细管中的试样产生裂隙、扩张部分“6”的液体试样产生气泡或裂隙。

3. 此时观察试样在玻璃毛细管黏度计中的流动情况，液面正好到达标线“a”时，启动秒表；液面正好流到标线“b”时，停止秒表，记时 τ。

试样的液面在扩张部分“6”中流动时，注意恒温浴中正在搅拌的液体要保持恒定温度，而且扩张部分中不应出现气泡。

4. 用秒表记录下来的流动时间 τt，应重复测定至少四次，其中各次流动时间与其算术平均值的差数应符合如下的要求：在温度 100℃ ~ 15℃测定黏度时，这个差数不应超过算术平均值的 ± 0.5%；在低于 −30℃ ~ 15℃测定黏度时，这个差数不应超过算术平均值的 ± 1.5%；在低于 −30℃测定黏度时，这个差数不应超过算术平均值的 ± 2.5%。

然后，取不少于三次的流动时间所得的算术平均值，作为试样的平均流动时间。

[结果计算]

1. 在温度 t 时，试样的运动黏度 νt（mm^2/s）按式（7–2）计算：

$$\nu t = c \cdot \tau t \quad \cdots\cdots\cdots\cdots \quad (7\text{–}2)$$

式中：c—黏度计常数，mm^2/s^2；

τt—试样的平均流动时间，s 。

例：黏度计常数为 0.4780mm^2/s^2，试样在 50℃时的流动时间为 318.0s，322.4s，322.6s 和321.0s，因此流动时间的算术平均值为

$$\tau_{50}=\frac{318.0+322.4+322.6+321.0}{4}=321.0\text{s}$$

各次流动时间与平均流动时间的允许差数为$\frac{321.0\times 0.5}{100}$=1.6s

因为 318.0s 与平均流动时间之差已超过 1.6s，所以这个度数应弃去。计算平均流动时间时，只采用 322.4s，322.6s 和 321.0s 的观测读数，它们与算术平均值之差，都没有超过 1.6s。

于是平均流动时间为：

$$\tau_{50}=\frac{322.4+322.6+321.0}{3}=322.0\text{s}$$

试样运动黏度测定结果为：

$\upsilon_{50}=c\times\tau_{50}=0.478\times322.0=154.0\text{mm}^2/\text{s}$

2. 在温度 t 时，试样的动力的计算如下

①按项目二任务五 GB/T1884《石油和液体石油产品密度测定法（密度计法）》和 GB/T1885《石油计量换算表》测定试样在温度 t 时的密度 ρ_t(g/cm³)。

②在温度 t 时，试样的动力黏度 ηt（mPa·s）按式（7–3）计算：

$$\eta t=\upsilon_t\times\rho_t \quad\cdots\cdots\quad (7\text{–}3)$$

式中：υ_t—在温度 t 时，试样的运动黏度，mm²/s；

ρ_t—在温度 t 时，试样的密度，g/cm³。

[精密度]

用下述规定来判断实验结果的可靠性（95%置信水平）。

1. 重复性

同一操作者，在相同实验条件下，用同一试样重复测定的两个结果之差，不应超过下列数值（见表 7–3）：

表 7–3 黏度的重现性

测定黏度的温度，℃	重复性，%
100~15	算术平均值的 1.0
低于 15~ −30	算术平均值的 3.0
低于 −30~−60	算术平均值的 5.0

2. 再现性

由不同操作者，在两个实验室提出的两个结果之差，不应超过下列数值（见表7–4）：

表 7–4 黏度的再现性

测定黏度的温度，℃	再现性，%
100~15	算术平均值的 2.2

[结果报告]

1. 黏度测定结果的数值，取四位有效数字。

2. 取重复测定两个结果的算术平均值，作为试样的运动黏度或动力黏度。

[相关知识]

运动黏度和恩氏黏度可以进行换算，具体换算方法见表 7–5。

表 7–5　运动黏度与恩氏黏度换算表

mm^2/s	条件度	mm^2/s	条件度	mm^2/s	条件度	mm^2/s	条件度	mm^2/s	条件度	mm^2/s	条件度
1.00	1.00	4.00	1.29	7.00	1.57	10.0	1.86	15.0	2.37	21.0	3.07
1.10	1.01	4.10	1.30	7.10	1.58	10.1	1.87	15.2	2.39	21.2	3.09
1.20	1.02	4.20	1.31	7.20	1.59	10.2	1.88	15.4	2.42	21.4	3.12
1.30	1.03	4.30	1.32	7.30	1.60	10.3	1.89	15.6	2.44	21.6	3.14
1.40	1.04	4.40	1.33	7.40	1.61	10.4	1.90	15.8	2.46	21.8	3.17
1.50	1.05	4.50	1.34	7.50	1.62	10.5	1.91	16.0	2.48	22.0	3.19
1.60	1.06	4.60	1.35	7.60	1.63	10.6	1.92	16.2	2.51	22.2	3.22
1.70	1.07	4.70	1.36	7.70	1.64	10.7	1.93	16.4	2.53	22.4	3.24
1.80	1.08	4.80	1.37	7.80	1.65	10.8	1.94	16.6	2.55	22.6	3.27
1.90	1.09	4.90	1.38	7.90	1.66	10.9	1.95	16.8	2.58	22.8	3.29
2.00	1.10	5.00	1.39	8.00	1.67	11.0	1.96	17.0	2.60	23.0	3.31
2.10	1.11	5.10	1.40	8.10	1.68	11.2	1.98	17.2	2.62	23.2	3.34
2.20	1.12	5.20	1.41	8.20	1.69	11.4	2.00	17.4	2.65	23.4	3.36
2.30	1.13	5.30	1.42	8.30	1.70	11.6	2.01	17.6	2.67	23.6	3.39
2.40	1.14	5.40	1.42	8.40	1.71	11.8	2.03	17.8	2.69	23.8	3.41
2.50	1.15	5.50	1.43	8.50	1.72	12.0	2.05	18.0	2.72	24.0	3.43
2.60	1.16	5.60	1.44	8.60	1.73	12.2	2.07	18.2	2.74	24.2	3.46
2.70	1.17	5.70	1.45	8.70	1.73	12.4	2.09	18.4	2.76	24.4	3.48
2.80	1.18	5.80	1.46	8.80	1.74	12.6	2.11	18.6	2.79	24.6	3.51
2.90	1.19	5.90	1.47	8.90	1.75	12.8	2.13	18.8	2.81	24.8	3.53
3.00	1.20	6.00	1.48	9.00	1.76	13.0	2.15	19.0	2.83	25.0	3.56
3.10	1.21	6.10	1.49	9.10	1.77	13.2	2.17	19.2	2.86	25.2	3.58
3.20	1.21	6.20	1.50	9.20	1.78	13.4	2.19	19.4	2.88	25.4	3.61
3.30	1.22	6.30	1.51	9.30	1.79	13.6	2.21	19.6	2.90	25.6	3.63
3.40	1.23	6.40	1.52	9.40	1.80	13.8	2.24	19.8	2.92	25.8	3.65
3.50	1.24	6.50	1.53	9.50	1.81	14.0	2.26	20.0	2.95	26.0	3.68
3.60	1.25	6.60	1.54	9.60	1.82	14.2	2.28	20.2	2.97	26.2	3.70
3.70	1.26	6.70	1.55	9.70	1.83	14.4	2.30	20.4	2.99	26.4	3.73
3.80	1.27	6.80	1.56	9.80	1.84	14.6	2.33	20.6	3.02	26.6	3.76
3.90	1.28	6.90	1.56	9.90	1.85	14.8	2.35	20.8	3.04	26.8	3.78
27.0	3.81	33.0	4.59	39.0	5.37	45.0	6.16	51.0	6.94	57.0	7.73
27.2	3.83	33.2	4.61	39.2	5.39	45.2	6.18	51.2	6.96	57.2	7.75
27.4	3.86	33.4	4.64	39.4	5.42	45.4	6.21	51.4	6.99	57.4	7.78
27.6	3.89	33.6	4.66	39.6	5.44	45.6	6.23	51.6	7.02	57.6	7.81
27.8	3.92	33.8	4.69	39.8	5.47	45.8	6.26	51.8	7.04	57.8	7.83
28.0	3.95	34.0	4.72	40.0	5.50	46.0	6.28	52.0	7.07	58.0	7.86
28.2	3.97	34.2	4.74	40.2	5.52	46.2	6.31	52.2	7.09	58.2	7.88
28.4	4.00	34.4	4.77	40.4	5.54	46.4	6.34	52.4	7.12	58.4	7.91
28.6	4.02	34.6	4.79	40.6	5.57	46.6	6.36	52.6	7.15	58.6	7.94
28.8	4.05	34.8	4.82	40.8	5.60	46.8	6.39	52.8	7.17	58.8	7.97
29.0	4.07	35.0	4.85	41.0	5.63	47.0	6.42	53.0	7.20	59.0	8.00
29.2	4.10	35.2	4.87	41.2	5.65	47.2	6.44	53.2	7.22	59.2	8.02
29.4	4.12	35.4	4.90	41.4	5.68	47.4	6.47	53.4	7.25	59.4	8.05
29.6	4.15	35.6	4.92	41.6	5.70	47.6	6.49	53.6	7.28	59.6	8.08
29.8	4.17	35.8	4.95	41.8	5.73	47.8	6.52	53.8	7.30	59.8	8.10

续表

30.0	4.20	36.0	4.98	42.0	5.76	48.0	6.55	54.0	7.33	60.0	8.13
30.2	4.22	36.2	5.00	42.2	5.78	48.2	6.57	54.2	7.35	60.2	8.15
30.4	4.25	36.4	5.03	42.4	5.81	48.4	6.60	54.4	7.38	60.4	8.18
30.6	4.27	36.6	5.05	42.6	5.84	48.6	6.62	54.6	7.41	60.6	8.21
30.8	4.30	36.8	5.08	42.8	5.86	48.8	6.65	54.8	7.44	60.8	8.23
31.0	4.33	37.0	5.11	43.0	5.89	49.0	6.68	55.0	7.47	61.0	8.26
31.2	4.35	37.2	5.13	43.2	5.92	49.2	6.70	55.2	7.49	61.2	8.28
31.4	4.38	37.4	5.16	43.4	5.95	49.4	6.73	55.4	7.52	61.4	8.31
31.6	4.41	37.6	5.18	43.6	5.97	49.6	6.76	55.6	7.55	61.6	8.34
31.8	4.43	37.8	5.21	43.8	6.00	49.8	6.78	55.8	7.57	61.8	8.37
32.0	4.46	38.0	5.24	44.0	6.02	50.0	6.81	56.0	7.60	62.0	8.40
32.2	4.48	38.2	5.26	44.2	6.05	50.2	6.83	56.2	7.62	62.2	8.42
32.4	4.51	38.4	5.29	44.4	6.08	50.4	6.86	56.4	7.65	62.4	8.45
32.6	4.54	38.6	5.31	44.6	6.10	50.6	6.89	56.6	7.68	62.6	8.48
32.8	4.56	38.8	5.34	44.8	6.13	50.8	6.91	56.8	7.70	62.8	8.50
63.0	8.53	67.0	9.06	71.0	9.61	75.0	10.2	95.0	12.8	115	15.6
63.2	8.55	67.2	9.08	71.2	9.63	76.0	10.3	96.0	13.0	116	15.7
63.4	8.58	67.4	9.11	71.4	9.66	77.0	10.4	97.0	13.1	117	15.8
63.6	8.60	67.6	9.14	71.6	9.69	78.0	10.5	98.0	13.2	118	16.0
63.8	8.63	67.8	9.17	71.8	9.72	79.0	10.7	99.0	13.4	119	16.1
64.0	8.66	68.0	9.20	72.0	9.75	80.0	10.8	100	13.5	120	16.2
64.2	8.68	68.2	9.22	72.2	9.77	81.0	10.9	101	13.6		
64.4	8.71	68.4	9.25	72.4	9.80	82.0	11.1	102	13.8		
64.6	8.74	68.6	9.28	72.6	9.82	83.0	11.2	103	13.9		
64.8	8.77	68.8	9.31	72.8	9.85	84.0	11.4	104	14.1		
65.0	8.80	69.0	9.34	73.0	9.88	85.0	11.5	105	14.2		
65.2	8.82	69.2	9.36	73.2	9.90	86.0	11.6	106	14.3		
65.4	8.85	69.4	9.39	73.4	9.93	87.0	11.8	107	14.5		
65.6	8.87	69.6	9.42	73.6	9.95	88.0	11.9	108	14.6		
65.8	8.90	69.8	9.45	73.8	9.98	89.0	12.0	109	14.7		
66.0	8.93	70.0	9.48	74.0	10.0	90.0	12.2	110	14.9		
66.2	8.95	70.2	9.50	74.2	10.0	91.0	12.3	111	15.0		
66.4	8.98	70.4	9.53	74.4	10.1	92.0	12.4	112	15.1		
66.6	9.00	70.6	9.55	74.6	10.1	93.0	12.6	113	15.3		
66.8	9.03	70.8	9.58	74.8	10.1	94.0	12.7	114	15.4		

知识拓展　铬酸洗液的配制使用及注意事项

1. 重铬酸钾：需研细。原因：粉末更易溶解。操作就在通风橱，原因：研磨过程中扬起的重铬酸钾粉末有害健康。

2. 根据 MDL CrossFire Commander 7.0（Gmlin 无机化合物手册）查询得知：60 ℃

时重铬酸钾在重铬酸钾饱和溶液中的重量百分数为33.56%，换算60 ℃100克水能溶解50.5g重铬酸钾。

3. 先用水在60 ℃下溶解重铬酸钾，可以加快配制洗液。不用冷却，搅拌下直接少量多次加入工业硫酸（98%），每次加入量小于10ml。

4. 不用冷水浴。反应温度控制在小于90 ℃。温度太高，水会蒸发损失。

5. 重铬酸钾饱和溶液和硫酸发生下列反应：

$$K_2Cr_2O_7 + H_2SO_4 = K_2SO_4 + 2CrO_3(\text{沉淀}) + H_2O$$

6. 反应现象：加75ml的浓硫酸后变为混浊黏稠红色液体，增加至200ml的浓硫酸时变为黑红色澄清溶液，此时放热很少。

7. 重铬酸钾溶于水为吸热反应。

8. 硫酸用工业级或化学纯就可以，不用分析纯。

废液主要成分是硫酸铬、$Cr_2(SO_4)_3.nH_2O$、硫酸和水等。

洗涤时残留在被洗涤的器具的稀铬酸洗液不能直接倒入下水道，应集中储存在废液瓶中，再依次用硫酸亚铁和废碱液处理。

当铬酸洗液由红棕色变为黑绿色，$K_2Cr_2O_7$被还原，说明洗液已失去洗涤效能。为避免造成环境污染，首先在废液中加入硫酸亚铁，使残留有毒的六价铬还原成无毒的三价铬，再加入废碱液或石灰使三价铬转化为$Cr(OH)_3$沉淀，埋于地下。配好的洗液应储存在磨口瓶内，因浓硫酸有强吸水性，以防洗液吸水而降低洗涤效能。

被洗涤的器具先用水洗，待风干后，再用铬酸洗液洗涤，以免洗液被水稀释而降低洗涤效果。

避免局部热量猛增而引起爆炸。

铬酸洗液的铬能被玻璃吸附，所以不适于洗涤微量玻璃仪器，以避免造成误差分析。

柴油运动黏度的测定考评表

序号	考核项目	评分要素	配分	评分要点	扣分	得分	备注
1	实验准备	着装仪表	5	不穿戴实训服 披长发 穿高跟鞋、凉鞋			
2		任务书	10	书写规范 工作原理明确 设计方案完整			
3		仪器清点、清洗	5	仪器数量规格符合任务书 玻璃仪器表面水膜均匀			

续表

4	实验过程	仪器安装	10	玻璃仪器使用是否烘干 温度计安装是否正确 秒表是否准确灵敏 实验仪器是否破损			
5		试样处理	10	移取有外溅 转移有损失、有气泡 称量准确 自我防护			
6		实验操作	20	毛细管黏度计采样是否规范 黏度计中试样是否有气泡 毛细管黏度计安装：确保黏度计垂直于水平面、浸没深度符合要求 实验温度控制准确 毛细管黏度计选择正确 试样流动时间符合要求 测定次数符合规定 独立完成操作			
7	实验报告	实验现场	10	清洁、整齐 橱柜物品排列整齐 实验台周围杂物			
8		实验结果	15	原始记录清晰 公式准确 数据完整 计算正确 修约准确			
9		实验报告	15	内容完整 字迹清晰 实验偏差在标准范围内 讨论问题准确、深刻、有意义			加分

项目三 喷气燃料

任务一 喷气燃料闪点的测定（闭口闪点）

【实验原理】

将油品倒入实验杯，在规定的速度下连续搅拌，并以恒速度加热样品。以规定的温度间隔，在中断搅拌的情况下，将火源引入实验杯开口处，使样品蒸气发生瞬间闪火，且蔓延至液体表面的最低温度。此温度为环境大气压下的闪点，再用公式修正到标准大气压下的闪点。

【名词术语】

闪点定义：在规定的条件下，加热油品，当油温达到某温度时，油品的蒸气和周围空气的混合气一旦与火焰接触，即发生闪火现象，最低的闪火温度，称为油品的闪点值。

【任务描述】

在专用实验设备——宾斯基－马丁闭口闪点实验仪上，加入一定量的试样，在连续搅拌下用很慢的恒定的速度加热。在规定的温度间隔，同时中断搅拌的情况下，将一小火焰引入杯内。实验火焰引起实验上的蒸气闪火时的最低温度作为闪点。

【学习目标】

1. 熟悉闭口闪点测定器的结构。
2. 掌握闭口杯法闪点的测定原理及测定方法。
3. 掌握闭口杯法闪点实验结果的有关计算。
4. 完成喷气燃料闭口杯法闪点的测定。

[仪器材料]

1. 闭口闪点测定器

宾斯基－马丁闭口闪点实验仪，装置见图 1–1，符合 SH/T 0315《闭口闪点测定器技术条件》，仪器见图 1–2。

2. 闭口闪点油杯

（1）内径：50.7mm ~ 50.8mm。

（2）深度：55.7mm ~ 56.0mm。

（3）试油容量刻线深度：33.9mm ~ 34.3mm。

(4) 试油容量：约 70ml。

3. 温度计

闭口闪点专用温度计，需根据样品的预期闪点选择适合的温度计，符合 GB/T 514《石油产品实验用液体温度计技术条件》。

4. 防护屏

用镀锌铁皮制成，高度 550mm ~ 650mm，宽度以适用为宜，屏身内壁涂成黑色。

5. 气压计：精度 0.1kPa

6. 球胆

7. 火柴

8. 液化气

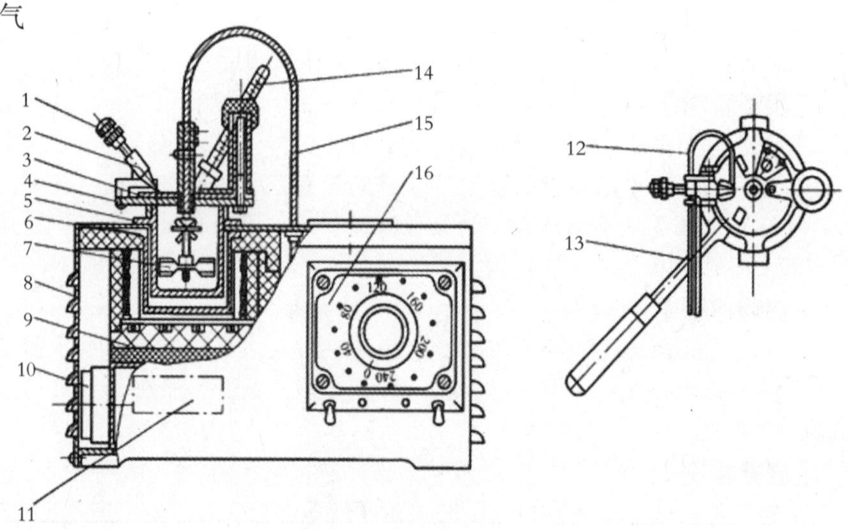

1.点火器调节螺丝；2.点火器；3.滑板；4.油杯盖；5.油杯；6.浴套；7.搅拌桨；8.壳体；9.电炉盘；10.电动机；11.铭牌；12.点火管；13.油杯手柄；14.温度计；15.传动软轴；16.开关箱

图 1-1 闭口杯闪点测定装置

1.油杯；2.乳胶管；3.进气调节阀；4.搅拌电机；5.传动软轴；6.引火器；7.温度计；8.弹簧旋钮；9.电炉；10.油杯座；11.控制电板

图 1-2 闭口闪点实验仪器

[准备工作]

1. 仪器放置

在无空气对流的房间，必要时可以用防护屏挡在仪器周围。

2. 实验杯必须用清洗溶剂清洗干净，再用空气吹干。

3. 样品要保证无水、无杂质

试样的水分超过 0.05%时，必须脱水。脱水处理是在试样中加入新煅烧并冷却的食盐、硫酸钠或无水氯化钙进行，试样闪点估计低于 100℃时不必加温；闪点估计高于 100℃时，可以加热到 50℃ ~ 80℃，脱水后，取试样的上层澄清部分进行实验。

4. 油杯需清晰干净，空气吹干后方可使用。

5. 油样要轻轻摇荡均匀

试样注入油杯时，试样和油杯的温度都不应高于试样脱水的温度。杯中试样要装满到环状标记处，然后盖上清洁、干燥的杯盖，并将油杯放在空气浴中。实验闪点低于 50℃的试样时，应预先将空气浴冷却到室温（25 ± 5℃）。

6. 用检定过的气压计，测定实验时的实际大气压力 p。

[实验步骤]

步骤 A：

1. 观察气压计，记录实验期间仪器附近的环境大气压。

注：虽然某些气压计会自动修正，但本标准不要求修正到 0 ℃下的大气压。

2. 将试样倒入实验杯至加料线，盖上实验杯盖，然后放入加热室，确保实验杯与杯盖就位，装置连接好后插入温度计。点燃实验火源，并将火焰直径调节为 3mm ~ 4mm。在整个实验期间，试样以 5℃/min ~ 6℃/min 的速度升温，且搅拌速度为 90(r/min)~120（r/min）。

3. 当实验的预期闪点为不高于 110 ℃时，从预期闪点以下 23 ℃+5℃开始点火，试样每升高 1℃点火一次，点火时停止搅拌。用实验杯盖上的滑板操作旋钮或点火装置点火，要求火焰在 0.5s 内下降至实验杯的蒸气空间内，并在此位置停留 1s，然后迅速升高回至原位置。

4. 当试样的预期闪点高于 110℃时，从预期闪点以下 23 ℃+5℃开始点火，试样每升高 2℃点火一次，点火时停止搅拌。用实验杯盖上的滑板操作旋钮或点火装置点火，要求火焰在0.5s 内下降至实验杯的蒸气空间内，并在此位置停留 1s，然后迅速升高回至原位置。

5. 当测定未知试样的闪点时，在适当起始温度下开始实验。高于起始温度 5 ℃时进行第一次点火，然后按 3 步骤或 4 步骤进行。

6. 记录火源引起实验杯内产生明显着火的温度，作为试样的观察闪点，但不要把在真实闪点到达之前出现在实验火焰周围的淡蓝色光轮与真实闪点相混淆。

7. 如果所记录的观察闪点温度与最初点火温度的差值少于 18℃或高于 28 ℃，则认为此结果无效。应更改新试样重新进行实验，调整最初点火温度，直到获得有效的测定结果，即观察闪点与最初点火温度的差值应在 18 ℃ ~ 28 ℃范围之内。

步骤 B：

1. 观察气压计，记录实验期间仪器附近的环境大气压。

2. 将试样倒入实验杯加料线，盖上试样杯盖，然后放入加热室，确保试样就位或锁定装置连接好后插入温度计。点燃实验火焰，并将火焰直径调节为 3mm ~ 4mm；或打开电子点火器，按仪器说明书的要求调节电子点火器的强度。在整个实验期间，试样以 1.0（℃/min）~ 1.5(℃/min)的速度升温，且搅拌速度为 250(r /min) ± 10(r/min)。

3. 除试样的搅拌和加热速度按步骤 B–2 的规定，其他实验步骤均按步骤 A（3–7）规定进行。

[结果计算]

1. 观察闪点的修正

用式（1–1）将观察闪点修正到标准大气压（101.3kPa）下的闪点，Tc:

$$Tc=To+0.25\ (101.3-p) \qquad (1-1)$$

式中：To—环境大气压下的观察闪点，℃；

p—环境大气压，kPa。

注：本公式仅限大气压在 98 kPa~104.7kPa 范围内。

2. 结果表示

结果报告修正到标准大气压（101.3kpa）下的闪点，精确至 0.5℃。

[精密度]

用以下规定来判断结果的可靠性（95%置信水平）。

1. 重复性 r

同一个实验室，由同一操作者使用同一仪器，按照相同方法，对同一试样连续测定的两个实验结果之差不应超过表 1–1 表 1–2 中的数值：

表 1–1　步骤 A 的重现性

材料	闪点范围 /℃	r/℃
油漆和清漆	——	1.5
馏分油和未使用过的润滑油	40 ~ 250	0.029X

注：X 为两个连续实验结果的平均值。

表 1–2　步骤 B 的重现性

材料	闪点范围 /℃	r/℃
残渣燃料油和稀释沥青	40 ~ 110	2.0
用过润滑油	170 ~ 210	5℃
表面趋于成膜的液体、带悬浮颗粒的液体或高黏度材料	——	5℃

2. 再现性 R

在不同的实验室，由不同的操作者使用不同的仪器，按照相同的方法，对同一试样测定的两单一、独立的实验结果之差不能超过表 1–3 和表 1–4 中的数据。

表 1-3 步骤 A 的再现性

材料	闪点范围 /℃	R/℃
油漆和清漆	——	——
馏分油和未使用过的润滑油	40～250	0.071X

注：X——两个独立实验结果的平均值。

表 1-4 步骤 B 的再现性

材料	闪点范围 /℃	R/℃
残渣燃料油和稀释沥青	40～110	6.0
用过润滑油	170～210	16
趋向于表面成膜的液体、悬浮颗粒的液体或高黏度材料	——	10.0

[相关信息]

1. 试油中含有水分，如果油样的水分含量大于0.05%时，在测闪点前必须脱水，方可进行实验，因为加热试油时，分散在油中的水会形成水蒸气或气泡，覆盖在油样表面，影响油的正常汽化，延迟了闪火时间，使测得的结果偏高。

2. 装油样量的影响，闭口杯的试油与蒸气空间已做了规定，因为油量的多少会影响液面以上的空气容积，即影响油蒸气和空气混合物的浓度。如加入量过多，蒸气空间减少，升温时油蒸气与空气混合物的浓度容易达到爆炸范围，导致闪点偏低；如装油量太少，结果偏高。

3. 对点火用的火焰大小的控制，火焰距液面的高低及在液面上的停留时间均等应注意，如果火焰较规定的大，火焰离液面越近，在液面上移动的时间越长，则测得结果偏低；反之则测得的结果比正常值高。点火次数越多，测得的结果越高，因为每打开一次杯盖，都会影响试杯中的蒸气量和温度。

4. 加温速度要严格按规定控制，不能过快或过慢，如加热太快，油蒸发速度快，使空气中油蒸汽浓度提前达到爆炸下限，使测定结果偏低。如加热速度过慢，测定时间较长，点火次数多，损耗了部分油蒸气，推迟了油蒸气和空气混合物达到闪点浓度的时间，使得测定结果偏高。

知识拓展

1. 大气压读数的转换：如果测得的大气压不是以 kPa 为单位的，可用下述等量关系换算到以 kPa 为单位的读数。

1mPa=1000kPa；

1mmHg=0.1333kPa；

1mbar=0.1kPa；

2. 伴随着科学技术的发展和进步，测试仪器的自动化水平越来越高，目前有很多自动化闭口闪点测试仪，图 1-3 是 BBS-600 型全自动闭口闪点测定仪。

图 1-3　BBS-600 型 全自动闭口闪点测定仪

BBS-600 型全自动闭口闪点测定仪主要特点：

(1) 彩色中文液晶屏显示，采用高速信号处理器控制，高精度模拟 / 数字转换电路

(2) 采用自适应 PID 控制算法，自动按标准要求调节升温曲线

(3) 送气、搅拌、点火、检测、报警、冷却、打印仪器自动完成

(4) 整个测试过程自动检测、开盖、点火、报警、冷却、打印等

(5) 微分检测，系统偏差自动修正，温度超值自动停止检测并报警

(6) 配有实验日期、实验时间等参数提示功能

(7) 数据存储功能 、可存储 200 条结果

(8) 温度检测：进口铂电阻（Pt100Ω）

(9) 点火方式：有气源点火

(10) 自检功能：仪器故障自动诊断

(11) 冷却方式：强制风冷

喷气燃料闪点的测定（闭口闪点）考评表

序号	考核项目	评分要素	配分	评分要点	扣分	得分	备注
1	实验准备	着装仪表	5	不穿戴实训服 披长发 穿高跟鞋、凉鞋			
2		任务书	10	书写规范 工作原理明确 设计方案完整			

续表

3		仪器清点、清洗	5	仪器数量规格符合任务书 玻璃仪器表面水膜均匀			
4	实验过程	仪器安装	10	玻璃仪器使用是否规范 实验油杯的清洗、干燥 温度计的安装 燃烧气瓶的安装 实验仪器是否破损			
5		试样处理	10	试样的脱水处理 移取有外溅 转移有损失 称量准确 自我防护			
6		实验操作	20	正确盖上试样杯盖 控制试样的搅拌速度 点燃实验火焰调节火焰直径 开始加热控制升温速度 扫划操作是否规范 闪点测定及时准确 燃点测定及时准确 及时正确灭火 正确读取实验时大气压力 独立完成操作			
7	实验报告	实验现场	10	清洁、整齐 橱柜物品排列整齐 实验台周围杂物			
8		实验结果	15	原始记录清晰 公式准确 数据完整 计算正确 修约准确			
9		实验报告	15	内容完整 字迹清晰 实验偏差在标准范围内 讨论问题准确、深刻、有意义			加分

任务二　喷气燃料芳烃含量的测定——荧光指示剂吸附法

【任务描述】

取约0.75ml试样注人装有活化过的硅胶的玻璃吸附柱中，在吸附柱的分离段装有一薄层含有荧光染料混合物的硅胶。当试样全部吸附在硅胶上后，加入醇脱附试样，加压使试样顺柱而下。试样中的各种烃类根据其吸附能力强弱分离成芳烃、烯烃和饱和烃。荧光染料也和烃类一起选择性分离，使各种烃类区域界面在紫外灯下清晰可见。根据吸附柱中各烃类色带区域的长度计算出每种烃类的体积分数。

测定石油馏分中的芳烃、烯烃及饱和烃的体积分数，对表征如汽油调合组分和催化重整进料等石油馏分的质量特性十分重要，同时该数值对表征经催化重整、热裂化及催化裂化得到的发动机燃料、航空燃料调合组分等石油馏分和石油产品的质量特性也十分重要。如在GB6537及GB1793中，该数值就作为重要的质量指标。

【学习目标】

1. 了解石油产品中烃含量测定原理。
2. 掌握芳烃、烯烃、饱和烃，定义及标注识别方法。
3. 掌握吸附柱的装配方法。
4. 掌握荧光指示剂吸附法测定喷气燃料芳烃含量。

[术语和定义]

1. 芳烃：aromatics

单环和多环芳烃、芳烯烃、某些二烯烃，以及含硫、氮的化合物，或者有较高沸点的含氧化合物[甲醇、乙醇、甲基叔丁基醚（MTBE）、叔戊基甲醚（TAME）和乙基叔丁基醚（ETBE）等含氧化合物除外]。

2. 烯烃：olefins

烯烃、环烯烃以及某些二烯烃。

3. 饱和烃：saturates

烷烃和环烷烃。

[仪器材料]

1.仪器

（1）吸附柱：由精密内径玻璃管制成（如图2-1中右图所示），包括具有毛细管颈的加料段、分离段和分析段；或者由标准壁玻璃管制成（如图2-1中左图所示）。

①精密内径玻璃管吸附柱：分析段的内径应为 1.60mm ~ 1.65mm，且约 100mm 长的水银柱在分析段的任何部分其长度变化不应超过 0.3mm。吸附柱各段之间应该用长锥形连接。在12/2 球形接合处球和窝之间放一小片玻璃棉，承托吸附柱中的硅胶并覆盖分析段出口。与球形窝相连接的柱末端内径应为 2mm。球形接合处球与窝用夹子夹紧固定，确保柱末端在装柱和测试过程中与分析段保持在一条直线上。

②标准壁玻璃管吸附柱：为方便起见，也可以使用标准壁玻璃管吸附柱。当使用标准壁玻璃管作为分析段时，要求内径均匀，且分析段和分离段之间要密封连接。校准标准壁玻璃管的内径不易操作，但是可以用普通卡尺沿着标准壁玻璃管测量其外径，如果外径变化为0.5mm 或者更大，则认为内径不规则，该柱不能使用。将分析段下端拉成细毛细管，防止硅胶流出。分析段与分离段之间用 30mm 长的聚乙烯管连接，确保两段玻璃管相接触。为了使分析段与聚乙烯管之间密封良好，需要将分析段上端加热至刚好能软化聚乙烯管，然后将分析段上端插入聚乙烯管内；或者用软金属线紧密缠绕来密封聚乙烯管与分析段玻璃管之间的连接。

(2) 色带区域测量装置：用玻璃铅笔标记各烃类区域，然后将分析段放在水平位置，用米尺测量各区域长度；也可将米尺固定在吸附柱旁，每个尺子装有四个可移动的指示夹(见图1–38)，指示各烃类区域界面并测量每个区域的长度。

(3) 紫外光源：波长以 365nm 为主，垂直安装一根或两根 915mm 或 1220mm 长的灯管，使之与吸附柱平行。调整光源使之发出最佳荧光。

(4) 电动振动器：用于振动单根吸附柱或装有多根吸附柱的支架。

(5) 注射器：1ml，分度为 0.01ml或 0.02ml，针头长 102mm，12 号、9 号或 7 号针头较为合适。

(6) 双级调节器：压力调节范围 0kPa~103kPa。

(7) 注射针针管：外径约 1.0mm，长约 1650mm，针尖呈 45° 角，另一端借助于外径 6mm 的铜管连接橡胶管接在水龙头上，用于清洗吸附柱。

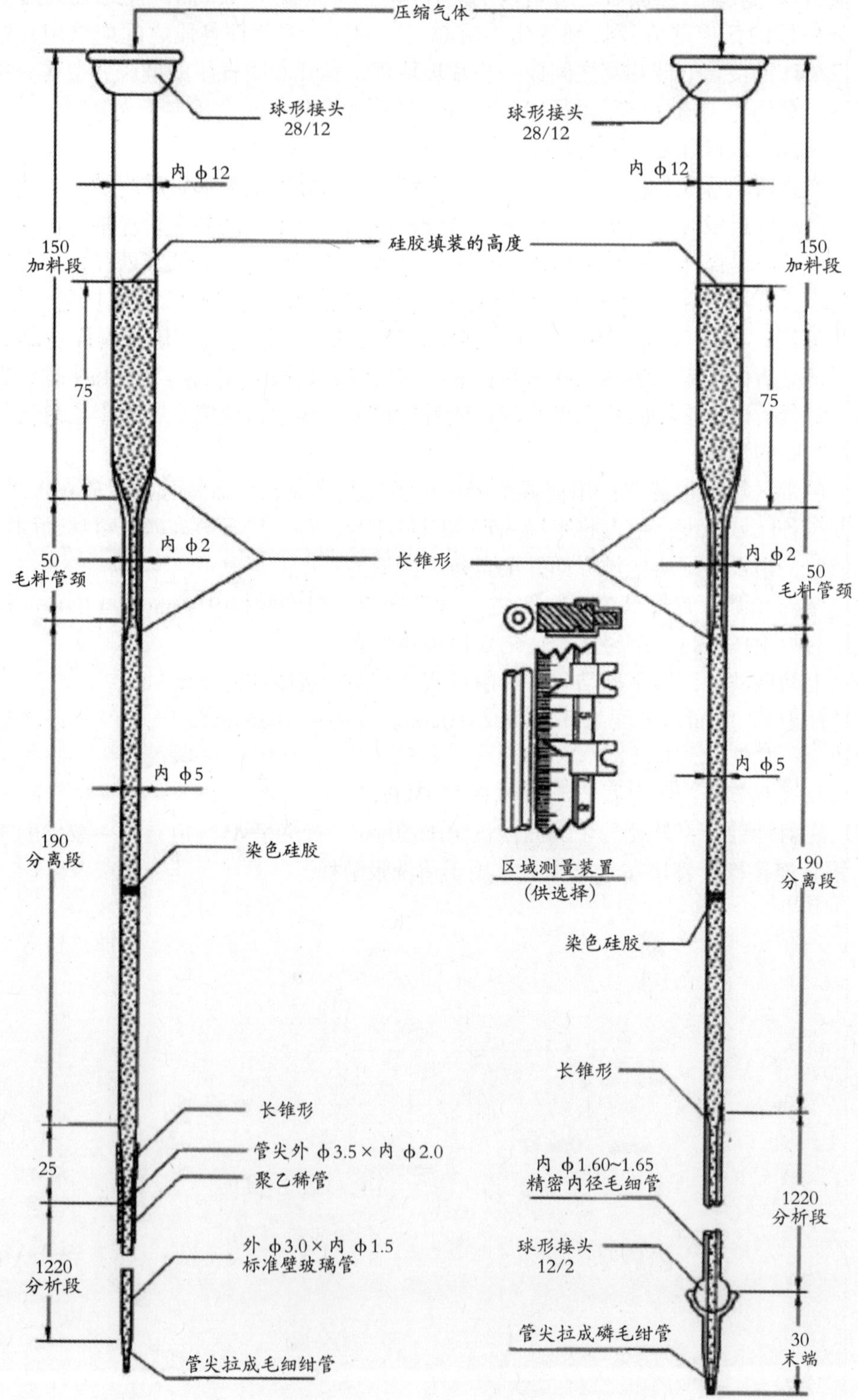
压缩气体
球形接头
28/12
球形接头
28/12
内 ϕ12
内 ϕ12
150
加料段
硅胶填装的高度
150
加料段
75
75
50
毛料管颈
内 ϕ2
长锥形
内 ϕ2
50
毛料管颈
内 ϕ5
内 ϕ5
190
分离段
染色硅胶
区域测量装置
(供选择)
190
分离段
染色硅胶
长锥形
长锥形
管尖外 ϕ3.5×内 ϕ2.0
25
聚乙稀管
内 ϕ1.60~1.65
精密内径毛细管
1220
分析段
外 ϕ3.0×内 ϕ1.5
标准壁玻璃管
1220
分析段
球形接头
12/2
管尖拉成磷毛绀管
30
末端
管尖拉成毛细绀管

图 2-1　标准壁玻璃管吸附柱（左）和精密内径玻璃管吸附柱（右）

2.材料

（1）硅胶：符合表 2–1 所示规格要求。

表 2–1　硅胶规格要求

项目			质量指标
表面积 /（m^2/g）			430～530
5%水悬浮液的 pH 值			5.5～7.0
955℃灼烧损失 /%(m/m)			4.5～10.0
铁含量（以 Fe_2O_3 计算，干基）/(mg/kg)			≤50
未通过筛子的颗粒量 /%(m/m)	标准筛号 1）/ 目	筛孔 /μm	
	60	250	0.0
	80	180	≤1.2
	100	150	≤5.0
	200	75	≥85.0
这些标准筛号的详细要求见 GB/T6003.1			

用 GB/T5816 测定表面积。pH 值的测定：用 pH 值分别为 4 和 7 的标准缓冲溶液标定 pH 计。将 5g 硅胶置于 250ml烧杯中，加入 100ml水和搅拌棒，置于磁力搅拌器上搅拌 20min，然后用校正过的 pH 计测定其 pH 值。硅胶在使用前应活化，将其置于浅的容器中，在 175℃下干燥 3h，趁热装入密封的容器中，以免受潮。

注：有些硅胶虽然符合规格要求，却发现能使烯烃色带界面颜色褪色，确切原因尚不明了，但确能影响准确性和精密度。

（2）荧光指示剂染色硅胶：标准染色硅胶，由重结晶油红 AB4 和用色层吸附得到的烯烃和芳烃染料纯化部分，经特定的程序，沉积在硅胶上得到。染色硅胶应置于暗处在常压氮气中保存，这样染色硅胶可至少有 5 年的使用寿命。日常使用的染色硅胶最好取出一部分装在小瓶里，避免因经常取用而影响大部分染色硅胶的使用寿命。

注：也可以使用与荧光指示剂染色硅胶具有相同效果的液体荧光指示剂。

（3）异戊醇：分析纯。警告：易燃，有害健康。

（4）异丙醇：分析纯，符合 HG/T2892 的技术要求。警告：易燃，有害健康。

（5）压缩气体：空气（或氮气），在 0kPa~103kPa 压力下输送到吸附柱顶部。警告：小心高压下的压缩气体。

（6）丙酮：分析纯，无残余物。警告：易燃，有害健康。

（7）缓冲溶液：pH 值分别为 4 和 7。

[准备工作]

按 GB/T4756 采样，并在 2℃~4℃条件下将样品保存至分析之前。警告：易燃，有害健康。

[实验准备]

1. 样品准备

对于含有下列任一种情况的样品：C_3或更轻的烃类，C_4烃体积分数大于5%，或者C_4和C_5烃体积分数大于10%，应按SH/T0062实验方法脱除戊烷。

2. 仪器准备

将仪器置于暗室或暗处，便于观察各烃类界面。如果进行多个样品测定，装配仪器要包括紫外光源，可固定多个吸附柱的支架，带有支管及球形接头的供气系统，供气系统与待测吸附柱相连接。

[实验步骤]

1. 将固定夹置于加料段球形接头下面的位置，使吸附柱自由悬挂。启动振动器，一边振动整个柱子，一边用玻璃漏斗向吸附柱内逐渐填装硅胶，当装至分离段一半时，关闭振动器，加一层3mm ~ 5mm荧光指示剂染色硅胶。再启动振动器，继续填装硅胶，直至填紧的硅胶层进入加料段75mm处为止。振动吸附柱时，用湿布擦拭整个吸附柱，消除静电，有助于更好地填装硅胶。填装结束后再振动吸附柱4min。

注：①如果用液体荧光指示剂，在填装硅胶时，除不加荧光指示剂染色硅胶外其他步骤与本条相同。

②用一个装有电动振动器的支架可同时填装多根吸附柱。

2. 将填装好硅胶的吸附柱安装到置于暗室或暗处的装配仪器上。当长期使用米尺测量时，可用橡皮筋将米尺固定在吸附柱末端。

3. 将试样和进样注射器（包括注射针头）冷却至2℃ ~ 4℃。用注射器吸取0.75m ± 10.03ml试样，注入到加料段硅胶面以下30mm处。

注：用液体荧光指示剂时，将液体荧光指示剂加入试样中，其加入量相当于试样的0.1%，摇匀，如4ml试样加入4m液体荧光指示剂，其他操作步骤相同。

4. 试样全部被吸附后，将异丙醇注入加料段至球形接头处，使吸附柱顶端与供气系统支管相连接，用夹子夹紧球形磨口接头，供气，在14kPa压力下保持2.5min，使液体沿着吸附柱向下行进。然后加压至34kPa，再保持2.5min，最后将气压调到适当的压力，使液体向下行进的时间约为1h。通常汽油类试样大约需要28kPa~69kPa，喷气燃料类的试样需要69kPa~103kPa，所需气体压力取决于吸附柱中硅胶填装的紧密程度和试样的分子量。一般来讲，分离时间1h较为理想，但分子量较大的试样所需的时间要长一些。

5. 当红色的醇—芳烃界面进入分析段350mm后，按以下顺序（从下至上）迅速标记出在紫外灯光下（注意：在操作中应尽量避免紫外线的直接照射，尤其注意保护眼睛）观察到的各烃类的界面，测得一组数据。对无荧光的饱和烃区域，需标记出试样的前沿和黄色荧光最先达到最强烈的位置；对于第二部分即烯烃区域的上端，标记出出现明显蓝色荧光最下端的位置；对于第三部分即芳烃区域的上端，标记出第一个红色或棕色环的上端（见图2–2）。对于无色的馏分，通过一个红色环可以清楚地确定醇—芳烃界面，但裂化燃料中的杂质常会使这个红色环变得模糊，出现长度不定的棕色区域，它仍作为芳烃区域的一部分来计算。只有在吸附柱中不出现蓝色荧光的情况下，此棕色或红色环才被认作是环下面另一个可辨区域的一部分。对于某些含有含氧化合物的调和燃料样品，在红色或棕色醇一芳界面的上面可能出现另一个几厘米长的红色带（见图 2-3），此红色带应忽视，不计入烃类色带中。标记各烃类区域界面时应避免手与吸附柱表面接触。如果用指示夹标记各烃类区域界面，则直接记录测量结果。

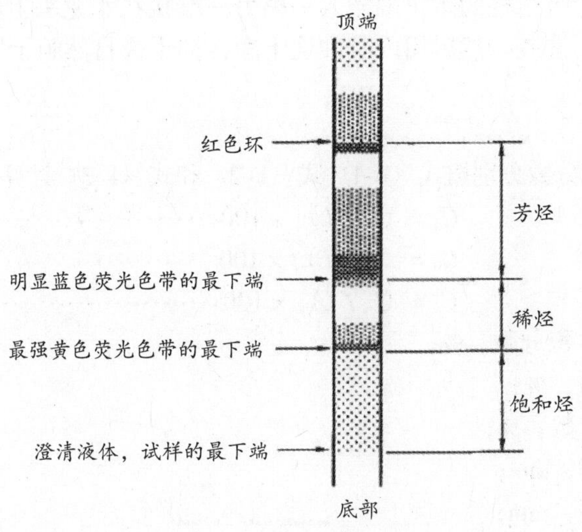

图 2-2 色层界面辨别示意图

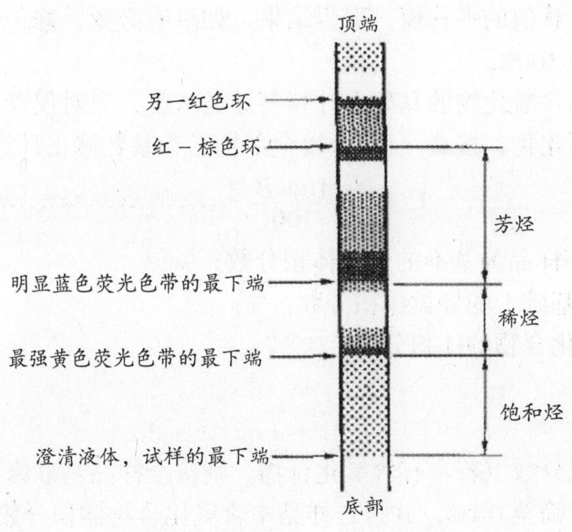

图 2-3 含有含氧化合物调合燃料样品色层界面辨别示意图

6. 为了尽可能减小读数期间由于界面行进引起的误差，当试样中的烃类又向下行进 50mm 时，按与第 5 条相反的顺序标记各烃类界面位置，进行第二次测定。如果用玻璃铅笔标记，则需要用两种颜色的笔加以区别，然后将分析段水平地放置在实验台上，用米尺测量其长度。如果用指示夹标记各烃类区域界面，则直接记录测量结果。

7. 如果硅胶填装不当或醇类洗脱烃类不完全，都会导致测定结果不准确。使用精密内径玻璃管吸附柱时，可以从烃类区域总长判断洗脱不完全，烃类区域总长至少 500mm 才会获得较满意的分析结果；使用标准壁玻璃管吸附柱时，其分析段内径不均匀，此规则不适用。

注：试样中含有大量沸点高于 204℃的物质时，用异戊醇代替异丙醇会改善洗脱效果。

8. 解除气体压力，断开与供气系统的连接。将精密内径玻璃管吸附柱倒转置于水槽上，从精密内径玻璃管吸附柱的敞口端插入一根另一端接在水龙头上的注射针针管，以快速水流冲洗柱中用过的硅胶。然后用丙酮冲洗干净，抽干或自然晾干。

[结果计算]

1. 每组烃类的体积分数分别按式（1–1）式（1–2）和式（1–3）计算，精确到 0.1%：

$$C_a = (L_a / L) \times 100 \quad (1\text{–}1)$$

$$C_0 = (L_0 / L) \times 100 \quad (1\text{–}2)$$

$$C_s = (L_s / L) \times 100 \quad (1\text{–}3)$$

式中：C_a—芳烃体积分数，%；

C_0—烯烃体积分数，%；

C_s—饱和烃体积分数，%；

L_a—芳烃区域长度，mm；

L_0—烯烃区域长度，mm；

L_s—饱和烃区域长度，mm；

L—L_a+L_0+L_s 的总和，mm。

取每种烃类相应计算值的平均值，报告结果。如果有必要，修正含量最大组分的测定结果，使各组分之和为 100%。

2. 上述算式是在无含氧化物的基础上计算各烃类浓度，只对仅含有烃类的样品进行修正；如果试样中含有氧化物，按式（1–4）以全部样品为基数修正计算结果：

$$C' = C \times \frac{100-B}{100} \quad (1\text{–}4)$$

式中：C'— 以全部样品为基准的烃类体积分数，%；

C—无含氧化合物基础上的烃类体积分数，%；

B—试样中总含氧化合物的体积分数，%。

[结果报告]

1. 取每种烃类体积分数（若含有含氧化合物，则按全样品基准修正）的算术平均值作为试样的测定结果，精确至 0.1%，并报告样品中含氧化合物体积分数。

2. 经过脱戊烷的样品，其测得数据是样品中 C_6 和更重的烃类的测定结果。样品中 C_5 或更轻的烃类可用 SH/T0615 测定其中烯烃和饱和烃的含量。根据以上数据以及用 SH/T0062 测得的 C_5 及 C_5 以下馏分和脱戊烷馏分的体积分数，即可计算出全样品的烃类体积分数。

[精密度]

按以下规定判断结果的可靠性（95%置信水平）。

重复性：同一操作者，用同一台仪器，在一定的条件下，正常而正确地操作，对同一试样测得的连续实验结果之差，不应大于表 2–2 或表 2–3 中所列数值。

再现性：不同操作者于不同实验室，在一定的条件下，正常而正确地操作，对同一试样测得的两个独立结果之差，不应大于表 2–2 或表 2–3 中所列数值。

表 2–2、表 2–3 分别用于判断不含含氧化合物样品和含有含氧化合物样品测定结果的重复性和再现性。

注：表 2–3 中所列精密度适用于未经脱戊烷的样品。

表 2–2 不含含氧化合物样品的重复性和再现性 % (V/V)

烃类	范围	重复性	再现性
芳烃	5	0.7	1.5
	15	1.2	2.5
	25	1.4	3.0
	35	1.5	3.3
	45	1.6	3.5
	50	1.6	3.5
	55	1.6	3.5
	65	1.5	3.3
	75	1.4	3.0
	85	1.2	2.5
	95	0.7	1.5
	99	0.3	0.7
烯烃	1	0.4	1.7
	3	0.7	2.9
	5	0.9	3.7
	10	1.2	5.1
	15	1.5	6.1
	20	1.6	6.8
	25	1.8	7.4
	30	1.9	7.8
	35	2.0	8.2
	40	2.0	8.4
	45	2.0	8.5
	50	2.1	8.6
	55	2.0	8.5
饱和烃	1	0.3	1.1
	5	0.8	2.4
	15	1.2	4.0
	25	1.5	4.8
	35	1.7	5.3
	45	1.7	5.6
	50	1.7	5.6
	55	1.7	5.6
	65	1.7	5.3
	75	1.5	4.8
	85	1.2	4.0
	95	0.3	2.4

表 2–3　含有含氧化合物样品的重复性和再现性% (V/V)

烃类	范围	重复性	再现性
芳烃	13～40	1.3	3.7
烯烃	4～33	$0.2578X^{0.6}$[1]	$0.8185X^{0.6}$[1]
饱和烃	45～68	1.5	4.2
X——烯烃的体积分数，%。			

[相关信息]

如果样品中含有较多的 C_5，或更轻的烃类，会导致饱和烃的测定结果偏高，芳烃和烯烃的测定结果偏低。这类样品应按 SH/T00062 实验方法脱除戊烷。

喷气燃料芳烃含量的测定考评表

序号	考核项目	评分要素	配分	评分要点	扣分	得分	备注
1	实验准备	着装仪表	5	不穿戴实训服 披长发 穿高跟鞋、凉鞋			
2		任务书	10	书写规范 工作原理明确 设计方案完整			
3		仪器清点、清洗	5	仪器数量规格符合任务书 玻璃仪器表面水膜均匀			
4	实验过程	仪器安装	10	玻璃仪器使用是否规范 实验仪器是否破损			
5		试样处理	10	移取有外溅 转移有损失 称量准确 自我防护			
6		实验操作	20	吸附柱安装 色带区域测量装置 紫外光源安装调节 试样和进样注射器冷却 压缩空气的调节与控制 独立完成操作			
7	实验报告	实验现场	10	清洁、整齐 橱柜物品排列整齐 实验台周围杂物			

续表

8	实验报告	实验结果	15	原始记录清晰 公式准确 数据完整 计算正确 修约准确			
9		实验报告	15	内容完整 字迹清晰 实验偏差在标准范围内 讨论问题准确、深刻、有意义			加分

任务三　喷气燃料烟点的测定

【任务描述】

烟点即无烟火焰高度，是指在规定的条件下，试样在标准灯内燃烧，火焰高度的变化反映在ml刻度尺背景中，测量时把灯芯升高到出现有烟的火焰，然后在降低到烟尾刚刚消失的一点，这点火焰的高度即为试样的烟点。产生无烟火焰的最大高度，单位以ml表示。它是控制燃料中的化学组成，评定喷气燃料燃烧是否完全和生成软积炭倾向的重要指标。符合GB/T 382和ASTM D1322标准实验方法，适用于喷气燃料的测定。

【学习目标】

1. 了解喷气燃料烟点测定的实验原理。
2. 掌握喷气燃料烟点仪器的仪器结构、使用性能和操作方法。
3. 掌握喷气燃料烟点测定方法。
4. 掌握喷气燃料烟点校正系数的计算。

[仪器材料]

1. 仪器

(1) 烟点灯

由底座、贮油器支架、贮油器、平台、灯芯导管、标尺、烟道等组成（如图1-41、1-42所示）。还备有能使储油器均匀缓慢升降的调节装置。储油器结构和尺寸见图1-43和表1-29。

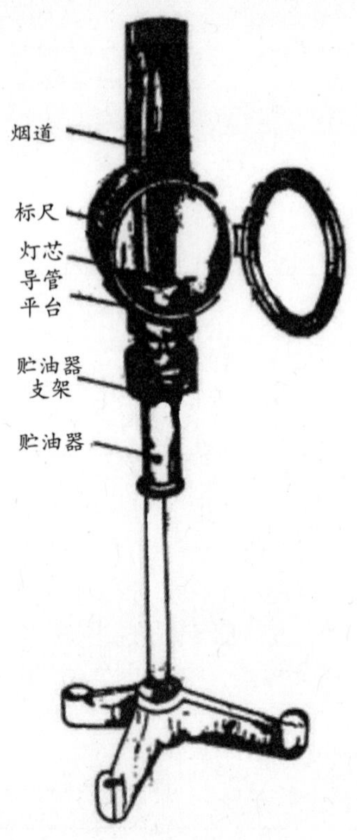

图 3-1　烟点灯示意图

图 3-2　烟点灯照片

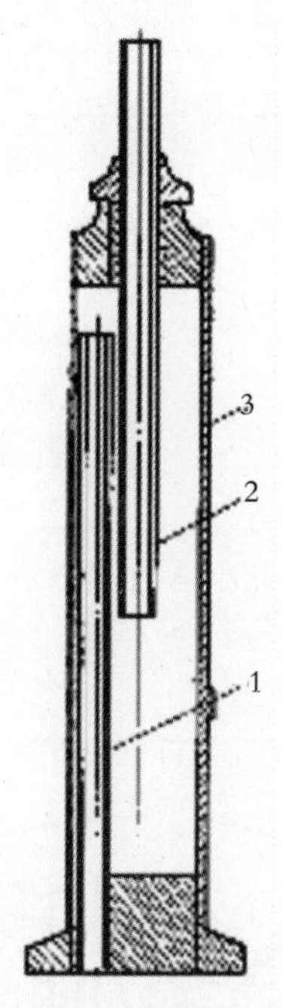

1.储油器主体；2.灯芯管；3.空气导管

图 3-3 烟点灯的储油器

表 3-1 烟点灯储油器临界尺寸

各部位名称	项目	临界尺寸 /mm	各部位名称	项目	临界尺寸 /mm
储油器本体	内经 外径 长度 内经	21.25 ± 0.05 储油器支座有适度滑动即可 109.0 ± 0.05 4.7 ± 0.05	空气导管	外径 长度 内经 长度	与灯芯导管紧密配合 82.0 ± 0.05 3.5 ± 0.05 90.0 ± 0.05

①装配有灯芯导管和进气口的对流平台，烟点灯上备有一个专用的 50mm 标尺，在其黑色玻璃上每 1mm 分度处用白线标记，灯芯导管的顶部与标尺的零点标记处在同一水面上。

②灯体和灯罩，灯体结构和尺寸见图 3–4 和表 3–2。灯体门上的玻璃是弧形的，以防止形成多重映像。

③储油器的底座和其本体之间的连接处应密封不漏油；

④灯芯：适用的圆形灯芯，长度不小于 125mm。由纯棉纱织成，面径 17 根，3 股 10 支纱；芯径 9 根，4 股 6 支纱；纬密 5 根 /cm。

表 3-2 灯体的临界尺寸

代号	各部位名称	项目	临界尺寸 /mm
H	烟窗	内径	40.0±1.0
		烟窗出口到灯体中心的垂直高度	130±1.0
G	灯体	内径	81.0±1.0
		内径深度	81.0±1.0
	标尺	范围	0~50
D	灯芯导管	内径	6.0±0.02
F	平台	外径	35.0±0.05
		空气导入孔（20 个）	3.5±0.05
E	进气口	直径（20 个）	2.9±0.05
C	储油器支座	内径	23.8±0.05

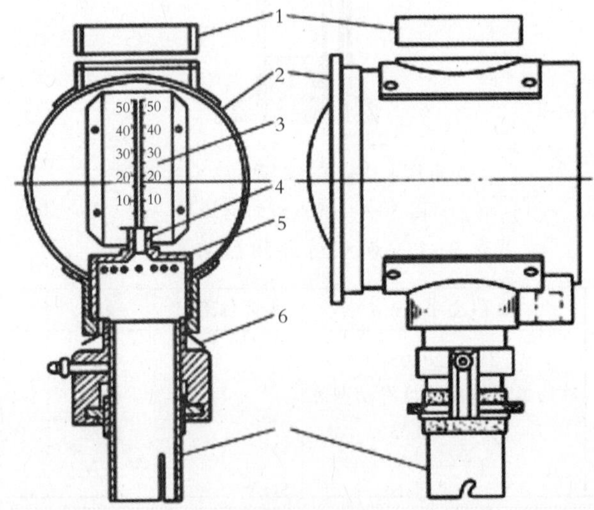

1. 烟窗；2. 灯体；3. 标尺；4. 灯芯导管；5. 平台；6. 进气口；7. 贮油器支座

图 3-4 灯体

（2）量筒（1 支，25ml）；

（3）滴定管（一支 25ml或 50ml）。

（4）剪刀。

2. 试剂

（1）甲苯（分析纯）；

（2）异辛烷（分析纯）；

（3）石油醚或轻质汽油；

（4）试样（喷气燃料、煤油），每次实验需要 20ml。

[方法原理]

喷气燃料无烟火焰是在喷气燃料无烟火焰高度测定器（俗称烟点仪）中进行测定的。

在储油器内加入 20ml试油，它借灯芯的毛细管作用，在室温下放置规定时间后，吸上芯端，挥发成可燃气体，点燃时即燃烧。空气是从对流室平面周围的小孔进入，在火焰周围的空气是比较热的，热空气与燃气一起上升，从烟道排出。由于燃烧室前面的玻璃窗测定时是盖严的，空气上升后不会散开，它里面所含的氧气就和灯芯上挥发出来的煤油蒸气混合，点燃后便发出红黄色有光的火焰。

储油器的位置通过调节螺旋是可以上升下降的。当储油器上升到一定程度，从烟道上即可发现有火焰冒黑烟，这是燃烧不完全的结果。烃类和氧作用，实际上可认为烃类先分解成碳和氢，燃烧时再分别和氧化合。如果分解出来的碳较多，来不及和氧化合，便升到火焰上面，那里的温度低，周围氧气又供应不够，使芯端上的煤油不能完全燃烧，所以看到冒烟了。这种黑烟其实就是没有和氧化合的碳粒。当把储油器及灯芯位置往下降，使芯端低于对流室平面燃烧管口，沿灯芯吸上芯端的煤油就离火焰远一些。它要挥发成可燃气体，连同对流室平面周围通气孔进入的空气一起上升。在上升这段时间里，空气与煤油蒸气混合得较均匀，使可燃气体有足够的氧气去供它燃烧。这样，火焰里的微细红热炭粒只使火焰显示黄色光亮，而不至于冒黑烟。把观察到的最大无烟火焰，从标尺中读出其 ml 高度，即得出结果。

[准备工作]

1. 安放灯具

将灯具垂直放在一个避风的地方。仔细检查灯体，确保平台内空气孔和储油器空气导口尺寸正确并干净、畅通。平台的位置不能影响空气孔通气。

2. 洗涤灯芯

用石油醚或直馏轻质汽油洗涤灯芯，并在 100℃~105℃的温度下干燥 30min，取出后再存放在干燥器中备用。

3. 洗涤储油器

用石油醚或直馏轻质汽油洗涤储油器，并用空气吹干。

4. 试样的准备

将试样在实验室环境下进行温度调节并保持到室温，如果发现试样中有杂质或呈雾状，要用定量滤纸进行过滤。

5. 润湿灯芯

将灯芯用试样润湿，并装入灯芯管中。如果灯芯卷曲，应仔细捻平，再重新用试样润湿灯芯上端。注意：在仲裁实验时，必须更换新灯芯，然后再用上述方法处理。

[实验步骤]

1. 移取试样

移取试样用量筒取 20ml试样，倒入清洁、干燥的储油器内。注意：如果试样很少，不足20ml，允许用不少于 10ml的试样做实验。

2. 安装烟点灯

将灯芯管小心放入储油器中，并且拧紧，勿使试样洒落在通空气的小孔中。将所有不整齐的灯芯头用剪刀剪平，并使其突出灯芯管 3mm。将储油器插入灯中。

3. 测定烟点

将灯芯点燃，调节火焰高度至10mm，燃烧5min。升高灯芯至呈现油烟，然后再平稳降低火焰高度，其火焰外形可能出现下列几种情况。

①长尖状可轻微看见油烟，有间断不定形状并跳跃的火焰。

②延长的尖点状，光边是一个尖状的凸面，如图13–5中的“1”火焰。

③点尖状正好消失，出现一个很亮的燃烧火焰，如图3–5中的“2”火焰。在接近真实火焰的尖端，有时出现锯齿状的间断不定的辉光，这些可以不必考虑。

④完好的圆光，如图3–5中的“3”火焰。

估读图3–5中“2”火焰高度，准确读至0.5mm，记录所观测到的烟点值。

注意：①为消除视差，观察者的眼睛应倾斜到中心线的一边，以便在标尺白色垂直线一侧能看见反射影，而另一侧能看见火焰本身。

②在观察灯芯呈现油烟的现象时，可在烟道的后方衬上一张白纸或不透明的白色板进行观测。

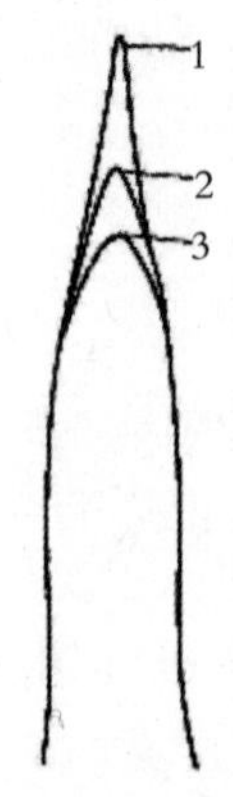

1. 火焰过高；2. 火焰正常；3. 火焰过低。

图3–5　火焰形状

4 确定烟点的测定值

按上述规定方法重复观察3次。取3次烟点观测值的算术平均值，作为烟点的测定值。注意如果测定值变化超过1.0mm，则必须更换灯芯，用新试样重做实验。

[仪器校正系数的测定]

1. 配制及选择标准燃料

用滴定管配制一系列不同体积分数的甲苯和异辛烷标准燃料混合物（见表3–3）。测定时，根据试样的烟点尽量选取烟点测定值与试样测定值相近（一个比试样烟点测定值略高，另一个则略低）的标准燃料。如果实验的烟点恰好与一个标准燃料的烟点相同，则需要选取另一个烟点测定值稍高的标准燃料。

2. 计算仪器校正系数按式（3–1）和表3–3的有关数据进行计算

$$f=\frac{1}{2}\left(\frac{A_b}{A_c}+\frac{B_b}{B_c}\right) \quad \cdots\cdots (3\text{–}1)$$

式中：A_b—第一种标准燃料烟点的标准值，mm；

A_c—第一种标准燃料烟点的测定值，mm；

B_b—第二种标准燃料烟点的标准值，mm；

B_c—第二种标准燃料烟点的测定值，mm。

表 3–3　标准燃料烟点的标准值

甲苯（体积分数）%	异辛烷（体积分数）%	大气压力 101.3KPa 时，烟点标准值 /mm
40	60	14.7
25	75	20.2
15	85	25.8
10	90	30.2
5	95	35.4
0	100	42.8

[结果计算]

试样的烟点可按式（3–2）计算，计算结果准确至 0.1mm。

$$H = fH_c \quad \cdots\cdots (3\text{–}2)$$

式中：f—仪器校正系数；

H_c—试样的烟点测定值，mm。

[结果报告]

取重复测定两个结果的算术平均值作为试样的烟点。

[精密度]

按以下规定判断烟点测定结果的可靠性（95%置信水平）。

重复性：同一操作者，用同一台仪器，在一定的条件下，正常而正确地操作，对同一试样测得的连续实验结果之差，不应大于表 3–4 中所列数值。

再现性:不同操作者于不同实验室，在一定的条件下，正常而正确地操作，对同一试样测得的两个独立结果之差，不应大于表 3–4 中所列数值。

表 3–4　烟点测定精密度表

烟点范围 /mm	重复性 /mm	再现性 /mm
<20	1	2
20~30	1	3
30~40	1	4

知识拓展　测量喷气燃料烟点的意义

通常用烟点来衡量燃料生成软积炭的倾向。航煤（航空用喷气燃料）在燃烧过程中，在高温部位形成的积炭是燃料高温缩聚的产物，质地脆而硬，H/C 比较低，称为硬积炭（类似油焦的物质）。在低温部位形成的积炭，质地松软，H/C 比较高，称为软积炭。这种 H/C 比相对较高的软积炭是炭黑、烟炱（tái：烟气凝积而成的黑灰，俗称“烟子”或“煤子”）。以及燃料中高沸点馏分在燃烧过程缩聚生成的重质烃类混合物。积炭的生成与燃料的烃类组成有关，H/C 比越小的烃类生成积炭的倾向越大。各种烃类生成积炭的倾向为：双环芳烃> 单环芳烃 > 带侧链芳烃 > 环烷烃 > 烯烃 > 烷烃。通常煤油中烃类的无烟火焰高度有如下的数据关系：烷烃烟点约 30mm ~ 40mm；环烷烃烟点约 12mm ~ 24mm；芳香烃烟点约达到 18mm。产品规格中要求航空煤油烟点不小于 25mm，灯用煤油烟点不小于 20mm。要使烟点合格，就要控制燃料的烃类组成和馏分组成。芳烃特别是双环及多环芳烃及胶质的含量，对烟点影响最大。不饱和烃含量增加、油料变重都会使烟点值变小。因此，产品规格中除限制烟点外还限制芳烃含量，航煤≯20%，灯煤≯10%。但灯煤中保留少量芳烃，燃烧后产生的炭粒可增加灯焰的亮度。

烟点对于衡量喷气燃料燃烧是否完全和生成积炭倾向有重要的意义，同时也是控制燃料中有适当的化学组成，以保证燃料正常燃烧的主要质量指标。积炭的生成对发动机的正常运行有着极大的危害。若喷嘴上生成积炭，则能破坏燃料雾化效果，使燃烧状况恶化，加速火焰筒壁生成更多的积炭，而产生局部过热，导致筒壁变形甚至破裂；若点火器电极生成积炭，则会出现电极间“连桥”而无法点火启动；积炭如果脱落下来，随燃气进入燃气涡轮，会损伤涡轮叶片。上述情况都会给发动机造成严重事故。喷气燃料的烟点与喷气式发动机燃烧室中生成的积炭有密切的关系。燃料的烟点越低，生成的积炭量越多，当烟点高度超过 25mm ~ 30mm 以后，其积炭生成量会降到很小的值。

[注意事项]

(1) 选择质量过硬的检测产品是至关重要的，其中的灯芯也是影响测试结果的重要因素，以保证测试结果的正确。

(2) 取样时应把试样保持到室温，但不能加热，如果发现试样有雾状或杂质，则用定量滤纸过滤。

(3) 灯芯装人灯芯管中后，如果灯芯有卷曲的地方，应仔细地将其捻平，并须重新将其上端用试样润湿，灯芯头剪平，并且要求其突出灯芯管 3mm。

(4) 在仲裁实验时，必须使用新的灯芯进行实验。

(5) 读火焰高度时为了消除视差，观察者的眼睛应倾斜到中心线的一边，以便在标尺的白色垂直线的一边能够看见反射影，而在另一边能够看见火焰本身。

(6) 在观察灯芯呈现油烟的现象时，可在烟道的后上方衬上一张白纸或不透明的白色板。

(7) 把灯具垂直放在一个完全避风的地方，仔细检查每个新灯，确保平台内空气孔和贮油器引入空气的导口干净、畅通和具有正确的尺寸。平台的位置应该使空气孔完全不受阻碍。

喷气燃料烟点的测定考评表

序号	考核项目	评分要素	配分	评分要点	扣分	得分	备注
1	实验准备	着装仪表	5	不穿戴实训服 披长发 穿高跟鞋、凉鞋			
2		任务书	10	书写规范 工作原理明确 设计方案完整			
3		仪器清点、清洗	5	仪器数量规格符合任务书 玻璃仪器表面水膜均匀			
4	实验过程	仪器安装	10	玻璃仪器使用是否规范 实验仪器是否破损			
5		试样处理	10	过滤试样杂质及雾状物 移取有外溅 转移有损失 称量准确 自我防护			
6		实验操作	20	标准燃料的配制 安放灯具 洗涤灯芯 洗涤储油器 润湿灯芯 正确点燃灯芯 调节火焰高度 确定烟点的测定值 独立完成操作			
7	实验报告	实验现场	10	清洁、整齐 橱柜物品排列整齐 实验台周围杂物			
8		实验结果	15	原始记录清晰 公式准确 数据完整 计算正确 修约准确			
9		实验报告	15	内容完整 字迹清晰 实验偏差在标准范围内 讨论问题准确、深刻、有意义			加分

任务四　喷气燃料实际胶质的测定

【任务描述】

将 25ml试样的置于规定的仪器中（实际胶质测定仪见图 1-46）、在规定的温度和空气流速的条件下蒸发，再把蒸发所得残渣进行称重，当蒸发残渣恒重时，以 100ml 试样中所含实际胶质毫克数（mg/100ml）表示所测定试样的实际胶质，实际胶质测定流程图见图 1-47。

【学习目标】

1. 掌握喷气燃料实际胶质的测定原理。
2. 掌握喷气燃料实际胶质的测定的仪器要求。
3. 掌握喷气燃料实际胶质的测定方法规定。
4. 掌握喷气燃料实际胶质的测定操作。

[仪器材料]

1. 仪器

实际胶质测定仪有以下几部分，仪器内部结构及流程见图 4-1、4-2，外观见图 4-3。

（1）油浴：椭圆形的钢制容器“6”高度约 200mm，长轴的长度约 250mm，短轴的长度约150mm。设有可以卸下的铁质浴盖“5”，盖下设置有安放烧杯用的两个凹槽“8”和“10”及铜制或黄铜制的旋管“7”，其全长约 4.5m，内径 6mm ~ 8mm。旋管一端“4”，要在盖面的旁边通出，用来导入空气；另一端“2”在盖的中心点通出，并接有可以卸下的磨口三通管“3”，利用空气导管向杯中供给空气。空气导管的内径 6mm，每端要对着凹槽的中心点，而且要与槽底相距 50mm ± 5mm。浴盖上还有两个孔口“9”和“1”，供插温度计和接触温度计用。油浴外表用石棉层绝热。油浴带有电热控温装置，能将浴中的油加热到150℃、180℃和 250℃，并能在实验期内保持温度恒定。

（2）无嘴高型玻璃烧杯：容量 100ml，外径 47mm ~ 48mm，高度 85mm ± 2mm。

（3）量筒：25ml；或者吸管：25ml。

（4）流速计：具有能够量出每分钟到达 60l 空气流速的刻度。经过 300 次实验后校正一次。

（5）空气过滤器：内装棉花和玻璃珠。

（6）温度计：0℃ ~ 360℃，可选用 GB/T 514 中开口闪点 1 号温度计。

（7）气源：鼓风机、空气压缩机，或空气供应总管。要求能够供给实验时所需要的空气流速。

（8）镀铬坩埚钳。

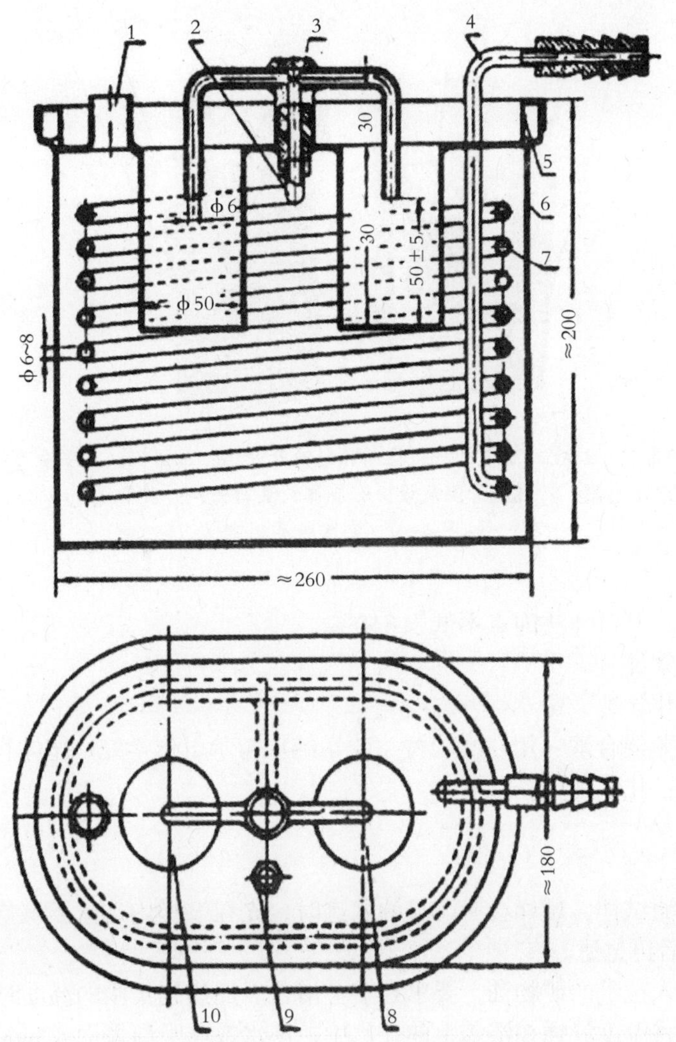

1.9. 浴盖上孔；2.4.7. 旋管；3. 磨口三通管；5. 浴盖；6. 椭圆形钢制容器；8.10. 凹槽

图 4-1　实际胶质测定仪内部结构图

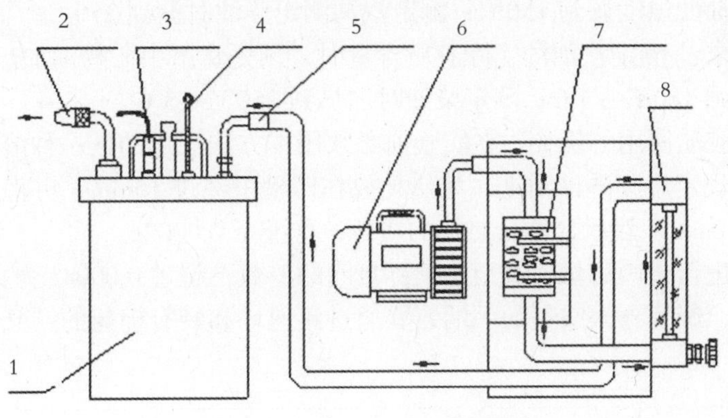

图 4-2　实际胶质测定仪流程图

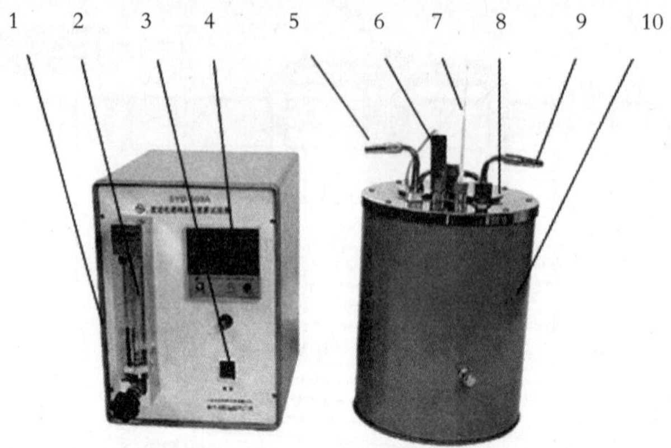

1. 控制箱；2. 空气流量计；3. 控制箱电源开关；4. 控温仪；5. 安全透气口；6. 温度传感器；7. 玻璃管温度计；8. 烧杯放置凹槽；9. 旋管进气口；10. 油浴

图 4-3　实际胶质测定仪

2. 材料

(1) 矿物油：开口杯法闪点不低于 310℃。

(3) 苯：化学纯

(4) 丙酮：化学纯

(5) 乙醇－苯混合液：用 95%乙醇（化学纯）与苯（化学纯）按体积比 1:4 配成。

(6) 硫酸钠：化学纯。

[准备工作]

1. 用滤纸过滤试样，试样含有明显的水迹时，先在试样内加入新煅烧的硫酸钠，摇动 10min~15min 之后再过滤。

2. 向油浴注入适量的矿物油，要求在盖上浴盖后加热到实验的温度时能将油浴装满。

3. 用软木塞将温度计插在浴盖上的孔口中，使水银球距离盖面 40mm～50mm。在需要时，将接触温度计插入浴盖的另一个孔中，测定实际胶质含量时，预先将此温度计调到 180℃（测定煤油、喷气燃料）。

如果测定汽油此温度调到 150℃；测定汽油测定柴油时调到 250℃。

预热温度要求：测定汽油的实际胶质含量时，预先将浴中矿物油加热到 150℃ ± 3℃；测定煤油时加热到 180℃ ± 3℃；测定柴油时加热到 250℃ ± 5℃。

4. 测定实际胶质所用的烧杯，在实验前必须用本方法规定的任一种溶剂仔细洗涤。然后在预先加热到规定温度的油浴上，将烧杯放在凹槽中经过 15min，再将烧杯放在干燥器中冷却 30min～40min。然后，称量烧杯的质量，称准至 0.0002g。

将烧杯重复进行干燥称量，直至连续称量间的差数不超过 0.0004g 为止。

5. 在油浴上，旋管导入空气的一端，要通过流速计和装有棉花的空气过滤器与空气供应装置连接。

[实验步骤]

1. 移取试样

用量筒或吸管量取25ml试样两份，分别注入按本方法准备好的烧杯中，然后将烧杯放在已加热到规定温度的油浴凹槽内。此后，在浴盖中央的旋管一端安放三通管，要求导气管下端距离试样液面30mm ± 5mm。

2. 实验操作

向两个烧杯通入空气时，流速计指示的最初速度应为每分钟20L ± 2L。实验汽油时的最初8min内，或实验煤油时的最初20min内，都要求供给空气的速度逐渐增到每55L ± 5l，同时注意勿使试样溅出。

上述的供气速度应保持到使试样蒸发完毕。当油气停止冒出而且烧杯底和烧杯壁呈现干燥的残留物或出现不再减少的油状残留物时，即认为蒸发完毕。

3. 试样恒重

蒸发完毕后，继续通入空气15min ~ 20min（汽油及煤油）或30min（柴油），然后将烧杯取出，放在干燥器中冷却30min ~ 40min后进行称重，称准至0.0002g。

称量后烧杯重新放在油浴凹槽中，与上述相同的空气速度和规定温度，再通入空气15min ~ 20min（汽油及煤油），或停止输入空气，而在250℃下烘30min（柴油）。此后，将烧杯再放在干燥器中冷却30min ~ 40min后进行称量。如此重复处理带有胶质的烧杯，直至连续称量间的差数不超过0.0004g为止。

4. 实验整理

在每次操作后，应立即用乙醇 – 苯混合液洗涤烧杯，以清除杯内的残留物，避免残留物固化造成不易清洗，或者实验烧杯不易恒重。

[结果计算]

100ml试样所含的实际胶质 X（mg）按下式（4–1）计算：

$$X=\frac{(m_2-m_1)}{25}\times 100 \qquad (4\text{–}1)$$

式中：X—100ml试样所含的实际胶质，mg；

m_1—已恒重的烧杯质量，mg；

m_2—实验恒重的胶质和烧杯质量，mg；

25—试样体积，ml。

[精密度]

1. 汽油和煤油的实际胶质测定中，同一个实验室，由同一操作者使用同一仪器，按照相同方法，对同一试样连续测定的两个实验结果之差不应超过表4–1数值：

表4–1　汽油和煤油重现性

实际胶质含量，mg/100ml	重复性，mg/100ml
＜15	2
15 ~ ＜40	3
40 ~ ＜100	较小结果的8%
≥100	较小结果的15%

2. 柴油的实际胶质测定中，同一个实验室，由同一操作者使用同一仪器，按照相同方法，对同一试样连续测定的两个实验结果之差不应超过表 4–2 数值：

表 4–2　柴油重现性

实际胶质含量，mg/100ml	重复性，mg/100ml
≤15	2
＞15	较小结果的 15%

3. 不同操作者，在不同实验室对同一测定试样，按实验方法正确地操作得到的两个独立的结果之间的差没有数据。

[结果报告]

1. 取重复测定两个结果的算数平均值，作为试样的实际胶质含量。测定的结果应取整数表示。

2. 实际胶质含量小于 2mg/100ml时，认为无。

知识拓展　实际胶质测定的意义

同一种煤油因制取方法和产地不同，其理化性质也有差异。用作不同用途的煤油，其化学成分也略有不同。各种煤油的质量依次降低：航空煤油、动力煤油、溶剂煤油、灯用煤油、燃料煤油、洗涤煤油。煤油的沸点一般为 110℃~350℃。伴随着科学技术的发展进步，煤油在日常生活中应用越来越少了，几乎见不到灯用煤油。大量使用的就是喷气燃料——航空煤油。作为航空飞行器的主要燃料原料其实际胶质测定的意义如下：

1. 在使用过程中：实际胶质是评定燃料在发动机上使用生成胶质倾向的指标。发动机使用油品的胶质含量高会导致进气系统产生沉淀物和使进气阀发生黏结。热裂化燃料油随着胶质含量的增高，会降低辛烷值，使抗爆性显著下降。

2. 在储存使用过程中：实际胶质是液体燃料在储存过程中氧化安定性好坏的控制指标。由于生产工艺流程所用原料不同以及储存条件不同，所以，安定性也随之不同。例如热裂化燃料油在储存时安定性很差，在空气中的氧、温度、阳光及某些金属的催化作用下，其中不饱和烃很快氧化而生成胶质。因此，定期测定汽油胶质含量，并根据测定结果决定继续储存还是立即使用。

3. 在传输过程中：对于喷气燃料来说，胶质含量高说明燃料被高沸点油品或颗粒物质污染。这一情况通常反映出炼厂下游的输配过程处理不当。

[相关信息]

1. 胶质烧杯的油浴槽要仔细洗净，且所有与胶质烧杯接触的仪器都必须清洁，以避免带入杂质影响实验结果的准确，造成结果偏高。

2. 蒸发浴温度在测定过程中应按规定保持恒温。否则容易造成实验结果波动。通常情况，温度升高，试样氧化生成胶质的速度增大。因此，蒸发油浴温度超过规定时，实验结果偏高；蒸发油浴温度偏低时，反应不充分，实验结果偏小。

3. 正确控制空气（蒸气）流速。引入空气时必须小心，避免油品飞溅，否则容易造成测定结果偏低；若空气流速始终都比较小，则氧气供应不足，容易造成反应不充分，测定结果偏低。

4. 测定实际胶质应用玻璃瓶作采样器和试样瓶，而不要采用金属容器，特别是铜质容器，以避免与试样反应，影响实验结果的准确。因为金属材料，特别是铜质材料对试样的胶质生成具有明显的催化作用，容易引起测定结果偏高。

5. 迅速、准确进行称量。在实验完成时，迅速将盛有试样的烧杯转移至干燥器中，避免其吸收空气中的水分；在试样的转移、称量时严格遵守操作方法，及时放入干燥器或者天平中，杜绝用手接触烧杯，影响实验结果。

6. 测定时所用空气流中应洁净，无油污状残余物。空气流的清洁非常重要，如果所通入的空气含有润滑油，在测定温度下难以蒸发，会造成测定结果偏大。使用空气压缩机产生空气流时，如果过滤处理不好，往往会产生这一现象。使用工业风管提供空气流时，也需要注意净化空气，以避免水分、油分、铁锈等杂质带入实验烧杯。

[注意事项]

1. 检查加热器的外壳，必须处于良好的接地状态；接入加热器的电源线应有良好的接地，以避免实验人员触电。

2. 喷气燃料实际胶质测定仪器使用时，严格遵守仪器操作规程，防止油浴加热后溢出，避免操作者烫伤。

3. 喷气燃料的实际胶质实验属于高温实验，在实验烧杯的移取操作使用时，须使用镀铬坩埚钳谨慎操作，注意安全，谨防烫伤。

[思考题]

1. 实际胶质测定时油浴温度偏高对结果有何影响？为什么？

2. 实际胶质是否指测定 100ml试油中含有胶质的数量？

3. 测定汽油、煤油、柴油的实际胶质，实验温度是如何规定的？

喷气燃料实际胶质的测定考评表

序号	考核项目	评分要素	配分	评分要点	扣分	得分	备注
1	实验准备	着装仪表	5	不穿戴实训服 披长发 穿高跟鞋、凉鞋			
2		任务书	10	书写规范 工作原理明确 设计方案完整			

续表

3		仪器清点、清洗	5	仪器数量规格符合任务书 玻璃仪器表面水膜均匀 无嘴高型玻璃烧杯恒重			
4	实验过程	仪器安装	10	玻璃仪器使用是否规范 实验仪器是否破损 空气过滤器安装			
5		试样处理	10	试样脱水处理 移取有外溅 转移有损失 称量准确 自我防护			
6		实验操作	20	油浴的灌装 油浴温度计安装 油浴温度控制 空气流速的控制 是否有试样飞溅 试样恒重 独立完成操作			
7	实验报告	实验现场	10	清洁、整齐 橱柜物品排列整齐 实验台周围杂物			
8		实验结果	15	原始记录清晰 公式准确 数据完整 计算正确 修约准确			
9		实验报告	15	内容完整 字迹清晰 实验偏差在标准范围内 讨论问题准确、深刻、有意义			加分

第二部分 润滑油类

项目一 润滑油

任务一 润滑油倾点的测定

【任务描述】

在规定的速率下冷却石油产品，当温度降低到一定程度时，石油产品会发生凝固，倾点就是指被冷却的试样能流动的最低温度。在实际测量中，每隔3℃检查一次试样的流动性。如果装有试样的试管平放5s，液面不动，则将此温度记下并加上3℃即为试样的倾点。

【学习目标】

1. 掌握倾点的定义。
2. 掌握倾点测定方法原理。
3. 掌握倾点测定仪器组成及操作方法。
4. 完成润滑油的倾点测定。

倾点：油品在规定条件下，冷却时能够流动的最低温度。

[仪器材料]

1. 测定试管及组件，倾点测定仪结构见图2–1。

(1) 试管：由平底、圆筒状的透明玻璃制成，内径30.3mm ~ 32.4mm，外径33.2mm ~ 34.8mm，高115mm ~ 125mm，壁厚不大于1.6mm。距试管内底部54mm ± 3mm处标有一条长刻线，表示内容物液面的高度。

(2) 温度计：局侵式，符合表1–1的要求。

(3) 软木塞：配试管用，塞的中心打有插温度计的孔。

(4) 套管：由平底、圆筒状金属制成，不漏水，能清洗，内径44.2mm ~ 45.8mm，壁厚约1mm，高115mm ± 3mm。套管在冷浴中应能维持直立位置，高出冷却介质不能超过

25mm。

（5）圆盘：软木或毛毡制成，厚约6mm，直径与套管内径相同。

（6）垫圈：由橡胶、皮革或其他适当的材料制成。环形，厚约5mm，有一定的弹性，要求能紧贴住试管外壁，而套管内壁保持宽松，还要求垫圈要有足够的硬度，以保持其形状。环形垫圈的用途是防止试管与套管直接接触。

表1-1　温度计技术条件

项目	低浊点和低倾点用温度计（允许误差）	高浊点和高倾点用温度计	熔点用温度计
温度范围 /℃	−80～20	−38～50	32～127
浸没深度 /mm	76	108	79
分度值 /℃	1	1	0.2
长刻线间隔 /℃	5	5	1
数字标刻间隔 /℃	10	10	2
示值允差 /℃	>33℃（1℃） ≤33℃（2℃）	0.5	0.2
安全泡允许加热温度 /℃	60	100	150
总长度 /mm	230±5	230±5	380±5
棒外径 /mm	7±1	7±1	7±1
感温泡长 /mm	8.5±1.5	8.5±1.5	23±5
感温泡外径 /mm	≥5.0且≤棒外径	≥5.5且≤棒外径	5.5±0.5
感温泡底部至刻线温度 /℃	−70	−38	32
感温泡底部至刻线距离 /mm	110±10	125±5	110±5
刻线范围长度 /mm	85±15	75±10	220±20

2. 计时器：测量30s的误差最大不能超过0.2s。

3. 恒温冷浴：冷浴的尺寸和形状可以是任意的，但要能达到方法所规定的温度，并能将套管紧紧地固定在垂直的位置。当测定倾点温度低于9℃的油品时，需用两个或更多的冷浴。所需的浴温可以用制冷装置来维持。冷浴的浴温要求维持在规定温度的±1.5℃范围之内。如果使用自动仪器测定，一台仪器也可实现多组冷浴的效果。

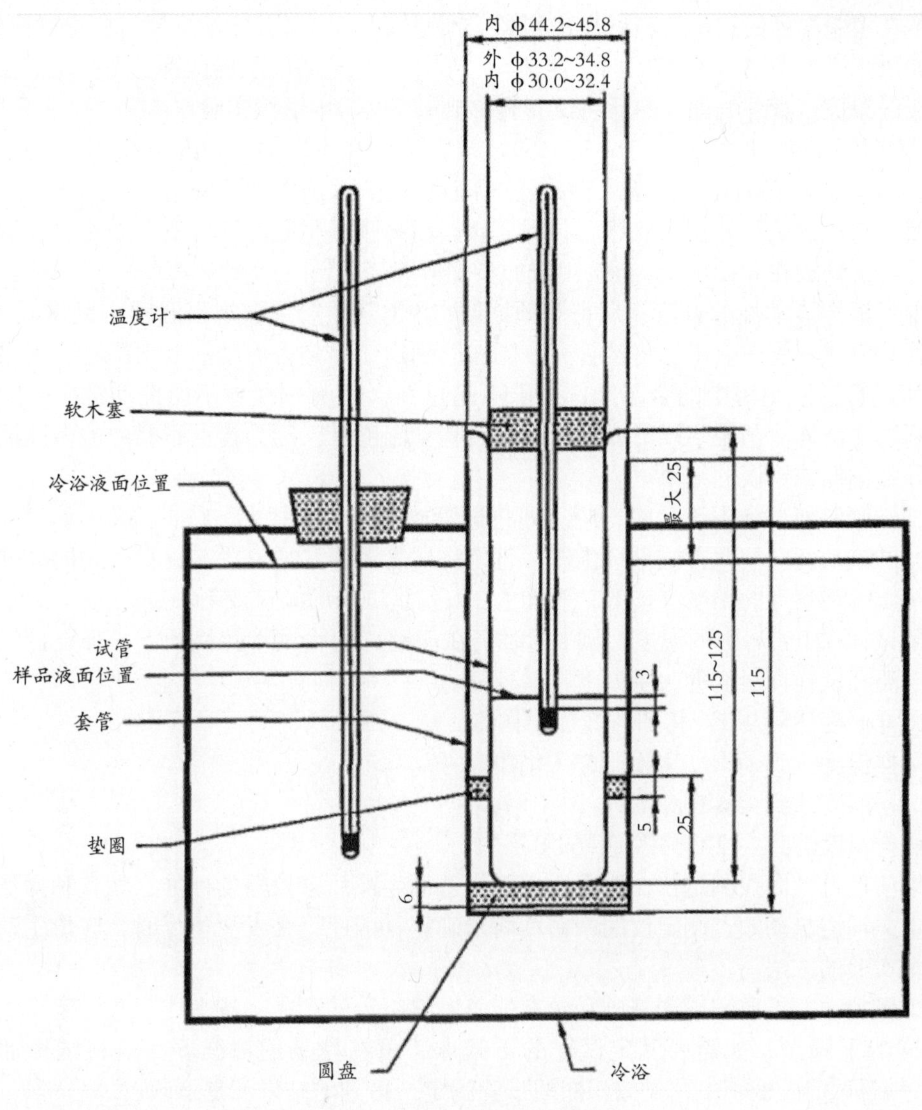

图 1-1　倾点测定仪结构图

[实验步骤]

1. 试样移取：将清洁试样倒入试管中直至刻线处。如果有必要，试样可先在水浴中加热至流动，再倒入试管内。装入量要求达到标记刻度线。

2. 用插有高浊点和高倾点用温度计的软木塞塞住试管，如果试样的预期倾点高于36℃，使用熔点用温度计。调整软木塞和温度计的位置，使软木塞紧紧塞住试管，要求温度计和试管在同一轴线上，让试样浸没温度计水银球，使温度计的毛细管起点浸在试液面下 3mm 的位置。

3. 不同预期倾点的试样有不同的处理方法。

3.1 预期倾点高于 -33℃的试样：将试样在不搅拌的情况下，放入已保持在高于预期倾点12℃，但至少是 48℃的浴中，将试样加热到 45℃或高于预期倾点 9℃。将试管转移到已维持在实验温度的浴中。当试样达到高于预期倾点 9℃时，开始按规定检查试样的流动性。如果试样温度已达到 27℃时仍能流动，则小心地从浴中取出试管，用一块清洁且沾擦拭液的布擦拭管外表面，然后将试管转移到 0℃的浴中继续实验。

3.2 预期倾点为 –33℃和低于 –33℃的试样：试样在不搅动的情况下在 48℃浴中加热至45℃，再将其放在浴中冷却至 15℃，然后小心地从水浴中取出试管，用一块清洁的、蘸擦拭液的布擦拭试管外表面，然后取下高浊点和高倾点用温度计，换上低浊点和低倾点用温度计将试管放在 0℃浴中，再按规定的步骤继续降温

4. 观察试样流动性的方法：从高于预期倾点 9℃开始第一次观察温度，每降低 3℃都应将试管从浴或套管中取出，将试管充分倾斜以确定试样是否流动。取出试管、观察试样流动性和试管返回到浴中的全部操作要求不超过 3s。要特别注意不能搅动试样中的块状物，也不能在试样冷却至足以形成石蜡结晶后移动温度计。因为搅动石蜡中的多孔网状结晶物会导致偏低或错误的结果。

当试样倾斜而试样不流动时，应立即将试管放回浴或套管中，待再降低 3℃时，重新观察试样的流动性。按此方式继续操作，直至将试管至于水平位置 5s，试管中的试样不移动，记录此时观察到的温度计读数，再加上 3℃就是试样的倾点或下倾点。

如果试样在 0℃浴中的温度达到 9℃时仍在流动，则将试管转移到下一个更低温度的浴中，浴温和试样样温度的关系如下：

①试样温度达到 9℃，移到 –18℃浴中。

②试样温度达到 –6℃，移到 –33℃浴中。

③试样温度达到 –24℃，移到 –51℃浴中。

④试样温度达到 –42℃，移到 –69℃浴中。

如果使用自动倾点测定仪，要求用户规格遵循生产厂家仪器的标准、调整和操作说明书的规定。油浴自动倾点测定仪的精密度尚未确定，因此，在发生争议时，应依手动方法作为仲裁实验的方法。

对于燃料油、重质润滑油基础和含有残渣燃料组分的产品，按上述步骤测定得到的结果是试样的上倾点，如需要测定试样的下倾点，可在搅动的情况下，先将试样加热至 105℃，然后再倒入试管中，再按相同的步骤测定，得到的结果就是下倾点。

[结果报告]

取重复测定的两个结果的平均值作为实验结果，取整数。

[精密度]

1. 重复性：同一操作者，使用同一仪器，用相同的方法对同一试样测得的两个连续实验结果之差不应大于 3℃。

2. 再现性：不同法操作者，使用不同仪器，用相同的方法对同一试样测得的两个实验结果之差不应大于 6℃。

[相关信息]

试样经过不同的加热过程，对测点的测定结果影响很大，因而要严格执行本方法的规

定，已知在实验前 24h 内曾被加热超过 45℃的样品，或是不知其受热经历的样品，均需在室温下放置 24h 以上，方可进行本实验。

在插入试管之前，要保证圆盘、垫圈和套管的内壁是清洁和干燥的，并将圆盘放在套管的底部，圆盘和套管应放入冷浴中至少冷却 10min。将垫圈放在试管的外壁，离底部约 25mm，并将试管插入套管。除 24℃和 6℃浴之外，其余情况都不能将试管直接放入冷却介质中。

在低温时，冷凝的水雾会妨碍观察，可以用一块清洁的布与冷浴温度接近的擦拭液擦拭试管以除去外表面的水雾，但要保证从取出试管、观察试样流动性到试管返回浴中的全部操作不要超过 3s。

对于测定那些倾点规格值不是 3℃的倍数的石油产品，也可按下述规定进行测定：从试样温度高于倾点规格值 9℃时开始检查试样的流动性，然后按标准步骤以 3℃的间隔观察试样，直到试样的规格值。报告试样通过或不通过规格值。

[项目意义]

1. 倾点是反映石油产品低温流动性的主要指标，对石油产品的生产、储存、输送具有重要意义，更是某些石油产品重要的质量指标之一。

2. 在生产、储存、输送石油产品的过程中，如果环境温度低于其倾点，则必须有相应的保温措施。特别是在北方的寒冷季节，更要有预防极端天气的相应措施，否则会造成管道堵塞等严重后果。

3. 在生产润滑油基础油过程中，倾点经常是首先要达到的质量指标之一，并由此决定选择适当的脱蜡工艺和脱蜡条件。对于传统的溶剂脱蜡工艺来说，脱蜡温度越低，则基础油的倾点也越低，但同时，基础油的收率也越低。

4. 倾点也是各种成品润滑油重要的质量指标。由于各种润滑油的使用环境有很大不同，使用温度差别巨大，因而对倾点的要求也不同，使用环境温度越低，要求的倾点温度也越低。

5. 石油产品倾点的分析对象极为广泛，通常包括柴油及重于柴油的馏分油、润滑油以及燃料油和渣油等。同时，也包括测定燃料油、重质润滑油基础油和含有残渣燃料组分的产品的倾点。

拓展知识　倾点和凝点的关系

定义：油样在标准规定的条件下冷却时，能够继续流动的最低温度称为倾点。

油样在规定实验条件下冷却到液面不移动时的最高温度称为凝点。

意义：润滑油的凝点或倾点是其低温流动性的重要质量指标。倾点或凝点高的润滑油，不能在低温下使用，否则由于润滑油在低温下失去流动性，堵塞油路，不能保证润滑。对于发动机润滑油，由于倾点或凝点高而造成低温启动困难。因此，一般选用比使用温度低10℃~20℃的倾点或凝点的润滑油。除须考虑润滑油的倾点或凝点之

外，还应考虑润滑油的低温黏度。

石油产品是多种烃类的复杂混合物，每一种烃都有它的凝点，因此当温度降低时，油品并不立即凝固，要经过一个稠化阶段，在相当宽的温度内逐渐凝固，所以同一个试样的倾点比凝点约高 3℃~5℃。

含蜡油品之所以在低温下失去流动性，是由于高熔点的石蜡烃（除正构烃外，尚包含少量异构和环状烃）以针状或片状结晶析出，并互相黏结，形成三维网状结构，将低熔点油吸附并包于其中，致使整个油品丧失流动性。含蜡油品降低倾点途径有两条：一是对基础油进行深度脱蜡，可以得到低倾点润滑油，这样油品的收率低，成本高，同时脱掉大量的正构烃，也有损油品的质量；二是进行适度的脱蜡后，再加降凝剂达到所要求的倾点。降凝剂不能阻止石蜡烃在低温下结晶析出，而是通过吸附或共晶作用，防止石蜡烃形成三维网状结晶而失去流动性。不同的润滑油对降凝剂有不同的感受性，加入量不足或过量都不能达到理想的降凝效果。

[测量方法]

倾点的测定按 GB/T3535–83 标准方法进行，该标准与 ISO3016–1974 等效。试样经预热后，在规定的速度下冷却，每间隔 3℃检查一次试样的流动性，记录观察到试样能流动的最低温度作为倾点。该方法的重复性为：同一操作者重复测定两个结果之差不超过3℃。再现性为：由两个实验室提出的两个结果之差不超过 6℃。

凝点的测定按 GB/T510–83 标准方法进行。测定时，将试样装在规定的试管中，冷却到预期的温度时，将试管倾斜 45°，经过 1min，观察液面是否移动。记录试管内液面不移动时的最高温度作为凝点。该方法的重复性为：同一操作者重复测定两个结果之差不超过 2℃。再现性为：由两个实验室提出的两个结果之差不超过 4℃。

注：使用溶剂汽油制备冷却计时，最好在通风橱中进行。

润滑油倾点的测定考评表

序号	考核项目	评分要素	配分	评分要点	扣分	得分	备注
1	实验准备	着装仪表	5	不穿戴实训服 披长发 穿高跟鞋、凉鞋			
2		任务书	10	书写规范 工作原理明确 设计方案完整			
3		仪器清点、清洗	5	仪器数量规格符合任务书 玻璃仪器表面水膜均匀			
4	实验过程	仪器安装	10	玻璃仪器使用是否规范 实验仪器是否破损			

续表

5		试样处理	10	移取有外溅 转移有损失 称量准确 自我防护			
6	实验过程	实验操作	20	木塞选择 木塞打孔（打孔器使用） 温度计安装：测试温度计垂度、水银球高度 水浴温度的选择控制 根据温度变化观察试样流动 分别记录试样温度、水浴温度 独立完成操作			
7	实验报告	实验现场	10	清洁、整齐 橱柜物品排列整齐 实验台周围杂物			
8		实验结果	15	原始记录清晰 公式准确 数据完整 计算正确 修约准确			
9		实验报告	15	内容完整 字迹清晰 实验偏差在标准范围内 讨论问题准确、深刻、有意义			加分

任务二　润滑油闪点的测定（克利夫兰开口闪点）

【任务描述】

石油产品闪点是将液体石油产品在专门仪器和规定条件下加热，其蒸气与空气形成的混合气与火焰接触，发生瞬间闪火的最低温度。闪点既是评价油品蒸发倾向的指标，又是确保安全性的指标。根据仪器及适用范围的不同又分为开口闪点和闭口闪点。开口闪点测定又叫作克利夫兰开口杯法，开口闪点适用于闪点大于79℃的油品；闭口闪点适用于闪点低于79℃的油品。

润滑油的闪点在200℃以上，因此适用于采用闭口闪点方法进行测定。工作原理图及设备见图 2–2。

【学习目标】

1. 了解开口闪点测定仪的结构。
2. 明确开口闪点的适用范围、方法要求。
3. 掌握开口闪点测定仪的测试操作掌握开口闪点的计算方法。

[实验原理]

把试样装入实验杯至标定的刻线，先迅速升高试样的温度，然后缓慢升温。当接近闪点时，恒速升温。在规定的温度间隔，以一个小的实验火焰横着划过实验杯，使试样表面上的蒸气闪火的最低温度作为闪点。如果需要测定燃点，则要继续进行实验，直到用实验火焰使试样点燃并至少燃烧 5 秒的最低温度，作为燃点。工作原理图见图 2–1，仪器见图 2–2：

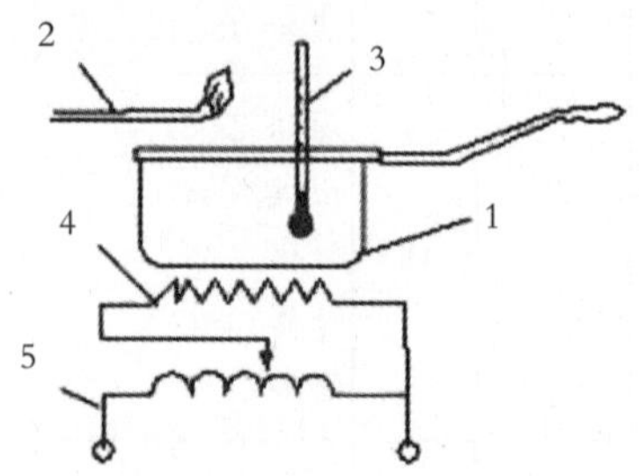

1. 油杯；2. 引火杆；3. 温度计；4. 电炉板；5. 控制开关

图 2–1　工作原理图

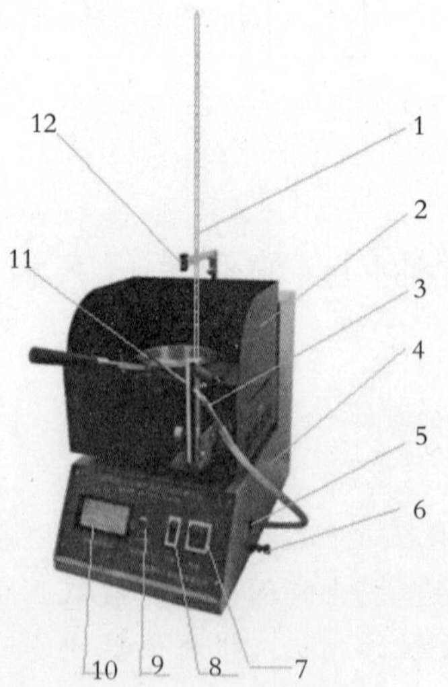

1. 温度计；2. 挡风屏；3. 点火器；4. 电控箱；5. 通气嘴；6. 燃气调节钮；7. 指示灯；8. 开关；9. 电压调节旋钮；10. 实验油杯；11. 温度计固定夹。

图 2–2　克利夫兰开口闪点测定仪

[仪器材料]

1. 试样油杯：由黄铜（或者其他热导性相当的、不锈的金属材料制成），尺寸见图2–3。试样油杯内距离油杯上沿 10mm 刻有装试样刻线。油杯装有绝热的易操作手柄。

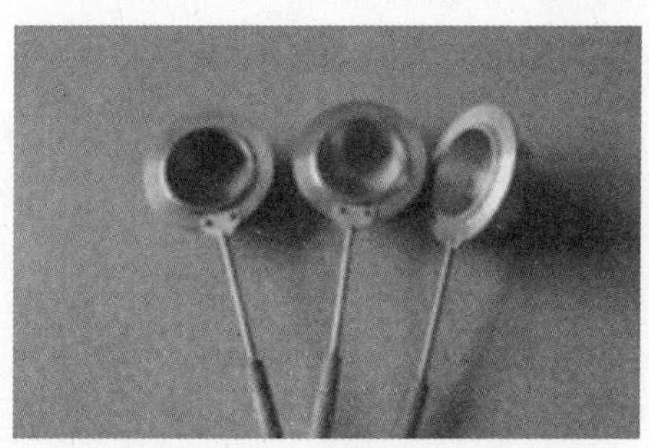

图 2–3 试样杯

2. 温度计：水银球玻璃棒温度计，测量范围 –6 ~ 400℃；浸入深度 25mm；细刻度 2℃；总长度 310mm ± 5mm；直径 6mm ~ 7mm；水银球长 7.5mm ~ 10.0mm；水银球直径 4.5mm ~ 6.0mm；水银球底到 0℃刻线的距离 45mm ± 10mm；水银球底到 400℃刻线的距离 275mm ± 10mm。

3. 加热板：由黄铜、铸铁或者钢板制成。有一个中心孔，孔四周有一块平面稍微凹陷（约7mm），以保证试样油杯可以固定其中，其他部分用硬质石棉板盖住。

4. 实验火焰发生器（即引火杆）：火焰头的顶端直径为 1.6mm，孔眼直径 0.8mm。操作实验火焰的装置应使实验的火焰扫划自动重复，扫划的回转半径不小于 150mm。孔眼中心能在实验油杯边缘面上方不超过 2mm 的平面上移动。

5. 加热器：可以用任何方便的加热源。最好采用可调变压器控制的电加热器。热源要集中在孔下，并且没有局部过热。火焰型加热器可以使用任何适合的防护屏来防止风吹或者过量辐射。

6. 温度计支架：在实验中能使温度计固定在指定位置，确保实验过程中温度测量准确，并且在实验后可以容易地从实验杯中取出。

7. 气瓶支架：用于固定实验火焰发生器的打火机气瓶，有可调节的旋转螺母，用于调节火焰直径。

8. 防护屏：推荐使用 46cm 见方、61cm 高，有一个开口面，内壁涂成黑色的防护屏。

9. 压力表：测量实验时的大气压力。

10. 试剂：无铅汽油或者其他的适合溶剂——石油醚、乙醇（用于清洗油杯）等。

[准备工作]

1. 试样的脱水

试样的水分大于 0.1%时，必须脱水。脱水处理是在试样中加入新煅烧并冷却的食盐、硫酸钠或无水氯化钙。闪点低于 100℃的试样脱水时不必加热；其他试样允许，加热至 50℃ ~ 80℃时用脱水剂脱水。脱水后，取试样的上层澄清部分供实验使用。

2. 实验油杯清洗

使用无铅汽油或者其他的适合溶剂洗涤实验杯，以除去前次实验留下的所有油迹、微

量胶质或残渣。如果有碳渣存在，应该用钢丝刷除去。用冷水冲洗实验杯，并在明火或加热板上干燥几分钟，以除去残存的微量溶剂和水。使用前应将实验杯冷却到预期闪点前至少 56℃。

3. 试样的移取

使用玻璃棒向试样杯中导入试样，在任何温度下将试样装入实验杯时，务必使弯月面的顶部恰好到装试样刻线。如果注入实验杯中的试样过多，则用移液管或其他适当的工具取出多余的试样；如果试样沾到仪器的刻度线外边，则倒出试样，洗净后再重装。并且要除去试样表面上的空气泡。

注：黏稠的试样应在注入试样杯前先加热到能流动，但加热时的温度不应超过试样预期闪点前 56℃。

4. 实验仪器安装

将测定装置放于避风和较暗的地方，并用防护屏围着，以使闪火现象看得清楚。到预期 闪点前 17℃时，必须注意避免由于实验操作者凑近实验杯呼吸引起实验杯中蒸气的流动而影响结果。

注：有些试样的蒸气或热解产品是有害的，可允许将有防护屏的仪器安置在通风橱内，但在距预期闪电前 56℃时，调节通风，使试样的蒸气既能排出又能使实验杯上面无空气流通。

5. 温度计安装

将温度计放置在垂直位置，使其球底离实验杯底 6mm，并位于实验杯中心与边之间的终点，和测试火焰扫过的弧（或线）相垂直的直径上，并在点火器臂的对边。

[实验步骤]

1. 点燃实验火焰

点燃实验火焰，并调节火焰直径到 4mm 左右。如仪器上安装着金属比较小球，则与金属比较小球直径相同。

2. 开始加热

开始加热时，试样的升温速度为每分钟 14℃~17℃。当试样温度到达预期闪点前 56℃时，减慢加热速度，控制升温速度，使闪点前约最后 28℃时，升温速度为每分钟 5℃~6℃。

3. 过程控制

在预期闪点前 28℃时，开始用实验火焰扫划，温度计上的温度每升高 2℃，就扫划一次。用平稳、连续的动作扫划，扫划时以直线或沿着半径至少为 150mm 的周围来进行。实验火焰的中心必须在实验杯上边缘面上 2mm 以内的平面上移动，先向一个方向扫划，下次再向相反的方向扫划。实验火焰每次越过实验杯所需时间约为 1s。

4. 闪点测定

当试样液面上任一点出现闪火时，立即记下温度计上的温度读数作为闪点。但不要把有时在实验火焰周围产生的淡蓝色光环与真正闪点混淆。

5. 燃点测定

如果还需要测定燃点，则应继续加热，使试样的升温速度为每分钟 5℃~6℃，继续使用实验火焰，试样每升高 2℃就扫划一次，直到试样着火，并能连续燃烧不少于 5s，此时立即从温度计读出温度作为燃点的测定结果。

[结果计算]

大气压力修正

大气压力低于 95.3 千帕斯卡（kPa）（953mba，715mmHg 柱）时，实验所得的闪点和燃点应加上其修正数（见表 2-1）作为实验结果，结果取整数。

表 2-1　大气压力修正表

大气压力			修正数，℃
kPa	mba	mmHg	
95.3~88.7	953~887	715~665	2
88.6~81.3	886~813	664~610	4
81.2~73.3	812~733	609~550	6

[精密度]

用下述规定判断实验结果的可靠性（95%置信水平）。

1. 重复性

同一操作者，用同一台仪器对同一样品进行测定，所得连续测定结果之差不应超过下列数值：闪点 8℃，燃点 8℃。

2. 再现性

不同操作者，在不同实验室对同一样品进行测定所得两个独立的结果之差不应超过下列数值：闪点 16℃，燃点 14℃。

注：本精密度是于 1982 年用 6 个试样，在 10 个实验室开展统计实验，并对实验结果进行数据处理和分析得来的。

[结果报告]

取重复测定两个结果的闪点和燃点，经大气压力修正后的平均值，作为克利夫兰开口杯闪点和燃点。

知识拓展　开口闪点和闭口闪点有什么区别

1. 油品的危险等级是根据闪点划分的，闪点在 45℃以下的叫易燃品；45℃以上的为可燃品。在储存使用中禁止将油品加热到它的闪点，加热的最高温度，一般应低于闪点燃20℃ ~ 30℃。

2. 闪点测定，根据不同的油或其用途，有两种测定方法，即开口闪点和闭口闪点：用规定的开口闪点测定器所测得的结果叫作开口闪点，常用于测定润滑油、汽轮机油、重质油等；用规定的闭口闪点测定器测得的结果叫作闭口闪点，常用于测定煤油、柴油、变压器油等。

3. 开口闪点总比闭口闪点高，因为开口闪点测定器所产生的油蒸气能自由地扩散到空气中，相对不易达到可闪火的温度。通常开口闪点要比闭口闪点高 20℃~30℃。

4. 两种方法执行的标准不一样。闭口闪点执行标准 GB/T261-2008。开口闪点执行标准GB/T3536-2008。

[注意事项]

1. 升温速度的控制。加热速度快，测得闪点偏低。因为加热速度过快时，单位时间内蒸发出的油蒸气多，来不及扩散，使可燃混合气提前达到爆炸下限，使测得结果偏低。加热速度过慢时，所测闪点偏高。因为延长了测定时间，点火次数增多，油蒸气损耗多，推迟了油蒸气和空气混合物达到闪火浓度的时间，使测定结果偏高。

2. 点火用的火焰大小，离液面高低及停留时间长短对闪点影响很大。点火用的火焰比规定大时，则所得结果偏低。火焰在液面上移动的时间越长，离液面越低，则所得结果偏低，反之则偏高。

3. 油品试样是否含水，以及大气压力等，对闪点测定影响很大。

4. 有些试样的蒸气或热解产品是有害的，因此操作需在通风橱内进行，但应注意调节通风，使实验杯上无空气流通，以免操作者受到危害或实验结果偏移。

[思考题]

1. 简叙下列概念：闪点、燃点、自燃点。
2. 什么是开口闪点和闭口闪点？为什么要分开、闭口杯两种测定方法？
3. 石油产品闪点测定在实际中有何意义？
4. 为什么加热速度快，测得闪点偏低？
5. 为什么点火用的火焰大小、离液面高低及停留时间长短对闪点结果影响很大？
6. 闪点（开口杯）测定的各种影响因素对结果有何影响？本实验各测定条件如何控制？

[操作训练]

1. 试样杯清洗
2. 试样移取
3. 实验火焰调整

润滑油闪点的测定（克利夫兰开口闪点）考评表

序号	考核项目	评分要素	配分	评分要点	扣分	得分	备注
1	实验准备	着装仪表	5	不穿戴实训服 披长发 穿高跟鞋、凉鞋			
2		任务书	10	书写规范 工作原理明确 设计方案完整			
3		仪器清点、清洗	5	仪器数量规格符合任务书 玻璃仪器表面水膜均匀			
4	实验过程	仪器安装	10	玻璃仪器使用是否规范 实验油杯的清洗干燥 温度计的安装 燃烧气瓶的安装 实验仪器是否破损			
5		试样处理	10	试样的脱水处理 移取有外溅 转移有损失 称量准确 自我防护			
6		实验操作	20	点燃实验火焰调节火焰直径 开始加热控制升温速度 扫划操作是否规范 闪点测定及时准确 燃点测定及时准确 及时正确灭火 正确读取实验时大气压力 独立完成操作			
7		实验现场	10	清洁、整齐 橱柜物品排列整齐 实验台周围杂物			
8	实验报告	实验结果	15	原始记录清晰 公式准确 数据完整 计算正确 修约准确			
9		实验报告	15	内容完整 字迹清晰 实验偏差在标准范围内 讨论问题准确、深刻、有意义			加分

任务三　润滑油硫含量的测定——管式炉法

【任务描述】

本方法规定了用管式炉测定深色石油产品中硫含量的方法。适用于测定硫含量大于0.1%（m/m）的深色石油产品，如润滑油、重质石、原油、石焦油、石蜡和含硫添加剂等。不适用于含有金属、磷和氯添加剂以及含有这类添加剂的润滑油。

试样在空气流中燃烧，用过氧化氢和硫酸溶液将生成的亚硫酸酐（SO_2）吸收，生成的硫酸用氢氧化钠标准滴定溶液进行滴定。

【学习目标】

1. 了解管式炉法测定硫含量的实验原理。
2. 掌握管式炉法测定硫含量的实验方法。
3. 熟悉管式炉定硫仪的结构。
4. 掌握管式炉仪器的操作技术。
5. 完成润滑油硫含量的测定。

[仪器材料]

1. 仪器

深色石油产品硫含量实验器（管式炉法）系统组成如图2-1所示。

(1) 管式电阻炉：水平型其长度不小于130mm，炉膛直径约为22mm。附温度控制器，能保证加热到900℃～950℃，并包括镍铬－镍硅（镍铬－镍铝）热电偶装置。

(2) 瓷舟：符合SH/T 0317中规定的定硫用舟形瓷舟的要求，供装试样燃烧用。新瓷舟在使用时需在900℃～950℃燃烧30min，取出后，在温室中冷却、备用。

(3) 石英管：见图3-2，也可以用瓷制管。

(4) 流量计：测量送入空气的流速用，其测量范围为0ml/min～800ml/min。

(5) 洗气瓶：三个（见图3-1中的1、2、3），净化空气用，每个容量不少于250ml。

(6) 水流泵或实验室用空气压缩机，或用实验室装备的压缩空气管线。

(7) 量筒：250ml。

(8) 微量滴定管：10ml，最小分度0.05ml，备有瓶子、压液用橡胶囊和充满碱石灰的氯化钙管。

(9) 滴定管：25ml，分度为0.1ml。

(10) 吸量管：5ml，分度为0.05ml；10ml，分度为0.1ml。

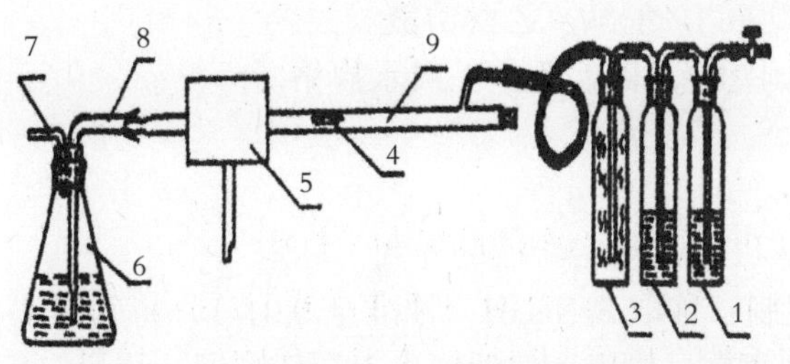

1.2.3. 洗气瓶；4. 磁舟；5. 管式电阻炉；6. 接收器；
7. 连接泵的出口管；8. 石英弯管；9. 磨口石英管

图 3-1 管式炉法测定硫仪器组成

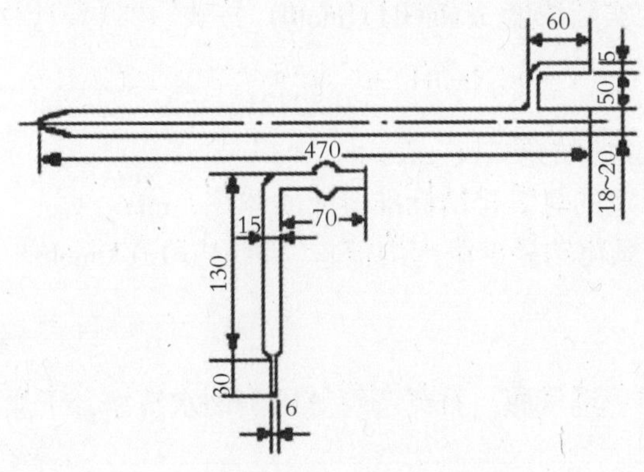

图 3-2 石英管尺寸图

2. 材料

(1) 细沙（或耐火黏土或石英砂）：经 900℃ ~ 950℃煅烧脱硫，并在研钵中磨细。经孔径为0.25mm 的金属过滤器筛选，选取微粒尺寸大于 0.25mm 部分。

(2) 白油：硫含量小于 5ppm，或符合 GB 1790 规格的医用凡士林。

(3) 医用脱脂棉。

(4) 硫酸：分析纯，配成 $c(1/2H_2SO_4)$ =0.02mol/l 溶液；量取 0.6ml浓硫酸，缓缓注入1000ml水中，冷却，摇匀。

(5) 氢氧化钠：化学纯，配成 40%NaOH 溶液。

(6) 30%H_2O_2：分析纯。

(7) 高锰酸钾：化学纯，配成 $c(1/5KMnO_4)$ =0.1mol/l 溶液；1.6g $KMnO_4$→500ml水溶解→缓慢煮沸 15min→冷却→过滤 →置于暗处保存两周→用微孔玻璃漏斗过滤储存于棕色试剂瓶中，贴上标签备用。

(8) 苯二甲酸氢钾（基准试剂）。

(9) 95%乙醇（分析纯）。

(10) 甲基红指示剂：0.2%甲基红乙醇溶液。

(11) 次甲基蓝指示剂：0.1%次甲基蓝 - 乙醇溶液。

(12) 混合指示剂：将 0.2%甲基红乙醇溶液和 0.1%次甲基蓝 - 乙醇溶液，按照体积比 1∶1 混合。

(13) 酚酞指示剂：配成1%酚酞－乙醇溶液。

(14) 蒸馏水：符合国标要求的实验室三级水规格。

[准备工作]

1. c (NaOH) =0.02mol/l 标准滴定溶液的配制、标定

NaOH 标准溶液的配制：称取 3gNaOH（称准至 0.01g），将其溶解在 3l 蒸馏水中，摇动，充分混合，并在暗处存放一昼夜，然后倾出上层清晰层，待标定后供分析滴定用。

NaOH 标准滴定溶液的标定：称取于 110℃～115℃下干燥至恒重的苯二甲酸氢钾 0.08g（称准至 0.0002g）。将其溶于 35ml新煮沸、冷却的蒸馏水中，加入 3～4 滴酚酞－乙醇溶液，尽快用待标定的 NaOH 标准滴定溶液进行滴定，直至溶液呈淡粉红色，稳定 30s。

氢氧化钠标准溶液的实际浓度 $c(\mathrm{NaOH})$(mol/l) 按式（3-1）计算

$$c(\mathrm{NaOH})=\frac{m_1}{0.2042V_1} \quad \cdots\cdots \quad (3\text{-}1)$$

式中：m_1—苯二甲酸氢钾的质量，g；

V_1—滴定时消耗所标定的氢氧化钠标准溶液的体积，ml；

0.2042—与 1.00ml氢氧化钠标准滴定溶液[$c(\mathrm{NaOH})$=1.000mol/l] 相当的以克表示的苯二甲酸氢钾的质量。

2. 测定仪器的准备

在实验前，将接受器、洗气瓶、石英弯管等用蒸馏水洗净，干燥。

3. 空气净化装置装配

沿空气流入顺序，将高锰酸钾溶液、40%NaOH 溶液分别注入洗气瓶中，达到其容量的一半，将医用脱脂棉装入第三个洗气瓶中。然后用橡胶管依次将它们连接起来。

4. 装吸收溶液并连通气路系统

用量筒量取 150ml蒸馏水，用两支吸量管分别量取 5ml30%H_2O_2 和 7ml0.02mol/l 硫酸溶液，并注入接受器中。然后用橡胶塞将接受器塞住，该橡胶塞上带有石英弯管和一支连接水流泵的出口管。将石英弯管和石英管连接。石英管水平安装在管式炉中，石英管的另一端用塞子塞住，并将侧支管与净化系统连接起来。

5. 检查实验装置的气密性

将接受器的支管连接到水流泵上，整个系统通入空气，然后将净化系统支管的活塞关闭。此时在接受器和空气净化系统中都不应该有空气泡出现。如果遇到漏气时，则整个系统发生不密闭现象，可以将所有连接处涂上肥皂水，并排除漏气现象。

6. 实验装置的预热

整个装置检查合格后，打开管式电阻炉电源开关，调节温度控制器，将石英管慢慢加热到 900℃～950℃。将热电偶插入管式炉内，使其接合点位于炉中央，两端连接在温度控制器上，以便测量和调节炉温。

[实验步骤]

1. 称取试样

在瓷舟中称入被分析的试样，精确值 0.0002g，试样应均匀分布在瓷舟的底部，按表

3-1 称取试样量。

表 3-1　硫含量与试样量表

试样中预计硫含量，%（m/m）	试样量，g
<2	0.2～0.1
2～5	0.1～0.05

如果试样的硫含量大于 5%（m/m），则用白油（或医用凡士林）预先进行稀释，以使其硫含量不大于 5%（m/m）。

注：①分析高含硫样品，硫含量大于 5%(m/m)时，准许在微量天平上称取少于 0.03g 试样。

②分析石焦油时，按 SH/T 0229 和 SH/T 0313 中有关石焦油取样的规定进行取样。准备好试样，并在研体中将其捣碎。

2. 试样的燃烧

瓷舟中的试样须用预先筛选或煅烧过的细沙（或耐火黏土、石英砂）覆盖（石油焦试样可不撒细沙）。将装有试样的瓷舟放入石英管（放在管式炉进口的前部）。然后用塞子迅速塞住石英管，连接水流泵或空气供给系统，并将空气通入整个系统。空气流速用流量计来测量，其流速约为 500ml/min。

注意：一般试样的燃烧在 900℃～950℃下进行，燃烧时间为 30min～40min；而对芳烃含量≥50%的石油产品，燃烧时间为 50min～60min。管式炉要逐渐移到瓷舟的位置上去(或由仪器预先设定的程序移动)，试样不准点火。在燃烧完毕以后，将装有瓷舟的石英管放在管炉中部最红的部分再焙烧 15min。

3. 滴定操作

实验结束时，将管式炉（或石英管）逐渐移回原来位置，关闭水流泵，取下接受器。用25ml蒸馏水洗涤石英弯管，将洗涤液转入接受器中。向接受器的溶液中加入 8 滴混合指示剂溶液，用 NaOH 标准滴定溶液滴定，直至红紫色变成亮绿色为止。如果试样中含硫量大于 2%，则滴定时使用容量为 25ml的滴定管。

4. 空白实验

按同样条件，在实测实验前进行。

[结果计算]

1. 试样的硫含量 X_1［%（m/m）］按式（3-2）计算

$$X_1=\frac{0.016c\ (V_2-V_0)\ \times 100}{m_2} \quad \cdots\cdots (3\text{-}2)$$

式中：c—氢氧化钠标准滴定溶液的实际浓度，mol/l；

V_0—滴定空白实验时，消耗氢氧化钠标准滴定溶液的体积，ml；

V_2—滴定试样燃烧后生成物时，消耗氢氧化钠标准滴定溶液的体积，ml；

m_2—称取的试样质量，g；

0.016—与 1.00ml 氧化钠标准滴定溶液［$c(NaOH)$=1.000mol/l］相当的以克表示的硫的质量。

2. 稀释试样的硫含量 X_2 [% (m/m)] 按式 (3–3) 计算：

$$X_2=\frac{0.016c\ (V_3-V_0)\ \times 100m_3}{m_4\ m_5} \quad \cdots\cdots\cdots\cdots \quad (3\text{-}3)$$

式中：c—氢氧化钠标准滴定溶液的实际浓度，mol/l；

V_0—滴定空白实验时，消耗氢氧化钠标准滴定溶液的体积，ml；

V_3—滴定试样燃烧后生成物时，消耗氢氧化钠标准滴定溶液的体积，ml；

m_3—滴定实验样品时所取的白油（或医用凡士林）和被测试样的总质量，g；

m_4—稀释时所取高含硫试样（未稀释试样）的质量，g；

m_5—实验时所取混合物的质量，g；

0.016—与 1.00ml 氧化钠标准滴定溶液 [c(NaOH)=1.000mol/l] 相当的以克表示的硫的质量。

[精密度]

按下述规定判断实验结果的可靠性（95%置信水平）。

1. 重复性：同一操作者，用同一台仪器对同一样品进行测定，所得连续测定结果之差，不应大于表 3–2 中规定的数值。

2. 再现性：不同操作者，在不同实验室对同一样品进行测定所得两个独立的结果之差不应大于表 3–2 中规定的数值。

表 3–2　重现性、再现性表

硫含量	重复性	再现性
≤1.0	0.05	0.20
>1.0 ~ 2.0	0.05	0.25
>2.0 ~ 3.0	0.10	0.30
>3.0 ~ 5.0	0.10	0.45

[结果报告]

1. 取重复测定两个结果的算术平均值作为被测试样的硫含量测定结果。

2. 实验结果修正至 0.01%（m/m）。

[注意事项]

1. 试样燃烧条件

为保证试样的燃烧完全，要按方法规定的试样燃烧的温度、时间和焙烧时间操作。且试样不准着火，以防止汽化后未燃烧样品被空气流带走。

2. 燃烧生成物吸收

实验前必须检查安装的设备的密封性，按规定控制好空气的流速。进入系统的空气要按规定净化。

3. 终点判断

实验方法标准中规定在滴定的同时不仅要搅拌吸收溶液，还要与空白实验达到终点所显现的颜色作比较，目的都是为了正确判断滴定终点。

[思考题]

1. 测定过程中如何保证滴定体积准确？可采取哪些措施？

2.测定过程中有哪些注意事项？

润滑油硫含量的测定考评表

序号	考核项目	评分要素	配分	评分要点	扣分	得分	备注
1	实验准备	着装仪表	5	不穿戴实训服 披长发 穿高跟鞋、凉鞋			
2		任务书	10	书写规范 工作原理明确 设计方案完整			
3		仪器清点、清洗	5	仪器数量规格符合任务书 玻璃仪器表面水膜均匀			
4	实验过程	仪器安装	10	玻璃仪器使用是否规范 接受器、洗气瓶、石英弯管等用蒸馏水洗净，干燥 实验仪器是否破损			
5		试样处理	10	移取有外溅 转移有损失 称量准确 自我防护			
6		实验操作	20	NaOH 标准溶液的配制标定 空气净化装置装配 吸收溶液安装 实验装置气密性检查、预热 试样灼烧、气体采集 滴定操作 独立完成操作			
7	实验报告	实验现场	10	清洁、整齐 橱柜物品排列整齐 实验台周围杂物			
8		实验结果	15	原始记录清晰 公式准确 数据完整 计算正确 修约准确			

续表

9		实验报告	15	内容完整 字迹清晰 实验偏差在标准范围内 讨论问题准确、深刻、有意义			加分

任务四　润滑油氧化安定性的测定——旋转氧弹法

【任务描述】

本方法是利用一个氧压力容器（氧气）在水和催化剂存在的条件下，在150℃评定具有相同组成（基础油和添加剂）的新的和使用中的汽车轮机油的氧化安定性。

本方法也可在140℃条件下快速评定含2，6-二叔丁基对甲酚和（或）2，6-二叔丁基苯酚抗氧剂的新矿物绝缘油的氧化安定性。

本方法不适应用于测定40℃时黏度大于12mm²/s的含抗氧剂的矿物绝缘油。

【学习目标】

1. 了解润滑油氧化安定性测定法（旋转氧弹法）实验原理。
2. 掌握润滑油氧化安定性测定法（旋转氧弹法）仪器结构。
3. 掌握润滑油氧化安定性测定法（旋转氧弹法）的方法。
4. 完成润滑油氧化安定性测定法（旋转氧弹法）操作。

将试样水和铜催化剂线圈放入一个带盖的玻璃盛样器内，置于装有压力表的氧弹中。氧弹充入620kPa压力的氧气，放入规定的恒温油浴中（汽轮机油150℃，矿物绝缘油140℃），使其以100r/min的速度与水平面呈30°角轴向旋转。实验达到规定的压力降所需的时间（min）即为试样的氧化安定性。

本方法可用于控制具有相同组成及加工过程的汽轮机油其不同批次氧化安定性的连续性测定。本方法不能用来比较不同组成的新油品的使用寿命，也不能用作GB/T12581的替代方法。

本方法也用于评价使用汽机油的剩余氧化实验的寿命。

本方法可作为新的含抗氧化剂矿物绝缘油的氧化安定性的控制实验，在规定的加速老化的条件下，确定抗氧剂氧化反应的时间，可用来检查生产的矿物绝缘油的氧化安定性的连续性。

[仪器材料]

1. 仪器

旋转氧弹实验组件包括氧弹、带有四个孔的聚四氟乙烯盖子的玻璃盛样器、固定弹簧催化剂线圈、压力表、温度计和实验油浴，见图 4–1。

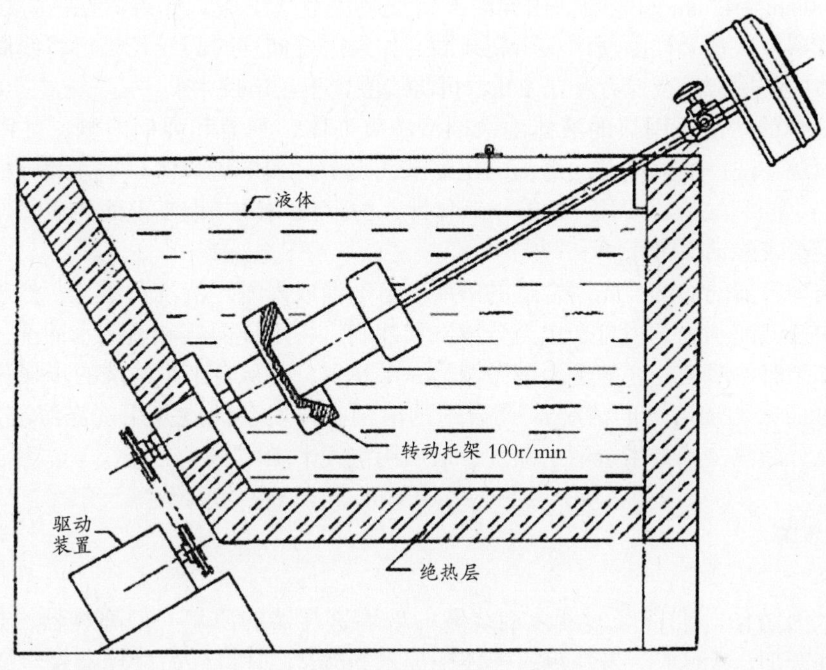

图 4–1　旋转氧弹实验组件示意图

2. 材料

(1) 异丙醇：分析纯。

(2) 液体洗涤剂。

(3) 正庚烷：分析纯。

(4) 丙酮：分析纯。

(5) 水：实验室二级水，符合 GB/T6682 规定。

(6) 聚硅氧烷润滑脂。

(7) 氧气：纯度不低于 99.5%，可调压力至 620kPa。

(8) 氢氧化钾醇溶液（1%）：将 12g 氢氧化钾溶解在 1l 的异丙醇溶液中。

(9) 碳化硅砂布：粒度 100 号。

(10) 催化剂线圈：电解铜丝，直径 1.63mm ± 0.01mm，纯度 99.9%，符号 GB/T3953 的规定，相同级别的软铜丝也可以使用。

(11) 溶剂油：符合 GB1922 中 2 号或 3 号溶剂油的规定。

[准备工作]

1. 试样准备

移取试样， 样品可以从油罐、油桶、小的容器或操作装置中得到的，每个实验需要

50g 样品。（取样方法和设备见 GB/T4756 规定。）

2. 仪器的准备

（1）催化剂的准备：在使用前，用碳化硅砂布将 3m 长的铜丝磨光，并用清洁、干燥的布将铜丝上的磨屑擦干净。将铜丝绕成外径为 44mm ~ 48mm、质量为 55.6g ± 0.3g，延伸高度为 40mm ~ 42mm 的线圈。用异丙醇清洗并用空气干燥，如果需要，将线圈旋转插入玻璃盛样器中。每个样品使用一个新线圈。如果需要储存时间较长，可将线圈放在干燥的惰性气体中备用；过夜储存小于 24h，可将线圈置于正庚烷中。

（2）氧弹的清洗：用热的液体洗涤剂清洗氧弹体、平盖和弹柄内侧，并用水漂洗干净。用异丙醇冲洗弹柄内侧并用清洁的压缩空气吹干。如果氧弹体、平盖和弹柄内侧经简单清洗后仍可闻到酸味，要用 1% 的氢氧化钾 – 醇溶液清洗并重复上面的步骤。没有消除氧化残渣会给实验结果带来不利影响。

（3）玻璃容器的清洗：先用合适的溶液（溶剂油或丙酮）清洗和漂洗，然后在含水的洗涤溶液中浸泡或刷洗。用自来水充分擦洗和冲刷，再用异丙醇和蒸馏水冲洗，最后用空气干燥。如果有不溶物，在酸性溶液中浸泡一个晚上，并从自来水冲洗的步骤开始重复。

（4）聚四氟乙烯盖子的清洗：用合适的溶剂去掉残余油迹并用洗涤溶液冲洗干净。用自来水充分漂洗，接着用蒸馏水漂洗，最后用空气干燥。

[实验步骤]

1. 装弹

称量装有清洁、准备好的催化剂线圈的玻璃盛样器的质量。向盛样器内加入 50g ± 0.5g 的试样并加入 5ml水。另外再向弹体中加入 5ml水、并将样品盛样器轻轻滑入弹体中（见注）。在盛样器上盖上聚四氟乙烯盖子，并在聚四氟乙烯盖子的顶部放置一个固定弹簧。在氧弹平盖密封槽中的 O 形密封圈的外层涂上一层薄薄的聚硅氧烷润滑脂来提供润滑，将氧弹瓶盖插入氧弹体中。

注：在氧弹体和盛样器之间的水能帮助热传递。

2. 充氧

用手拧紧锁环，在压力表螺纹接头的螺纹上涂一层薄薄的聚硅氧烷润滑脂（聚四氟乙烯管带可带替聚硅氧烷润滑脂），并将压力表拧进氧弹沟槽的顶部中央。将与压力表相连接的氧气管线连接到氧弹弹柄进口的阀上，慢慢拧开氧气输送阀门直到压力达到 620kPa，关上氧气输送阀门，拧松接头或使用一个泄放阀慢慢释放压力。重复吹扫步骤两次以上；以上吹扫步骤要持续大约 3min。调节氧气调节阀，在室温 25℃下使压力达到620kPa。对于汽轮机油，温度每高于或低于室温（25℃）2.8℃，压力就应相应增加或减少7kPa，以获得所需的初始压力。当氧弹充满至所需的压力后，用手关紧进口阀门。如有必要，可将氧弹浸入水中试漏。试漏后的氧弹要用毛巾擦干或用吹风机吹干，避免将水带到热的实验油浴中引起油的溅射。

3. 氧化实验过程

在搅拌情况下，使油浴达到规定的实验温度（汽轮机油为 150℃，绝缘油为 140℃）。关闭搅拌器，将氧弹插入转动架中，并记录时间。重新启动搅拌器。如果使用一个附加的加热器，在最初的 5min 内保持运行然后关闭。在氧弹插入油浴 15min 内，油浴的温度要稳定到实验温度。保持实验温度波动在 ± 0.1℃范围内。

对不同的仪器配置，在插入氧弹后油浴达到实验温度的时间是不同的，应对所使用仪器进行观察，以得到在氧弹插入后使油浴温度波动不超过 2℃和氧弹压力在 30min 到达如图4–2 曲线 A 所示的稳状态的一系列条件。

在整个实验过程中，保持实验温度在 ± 0.1℃范围内对实验结果的重复性和再现性是非常重要的因素。

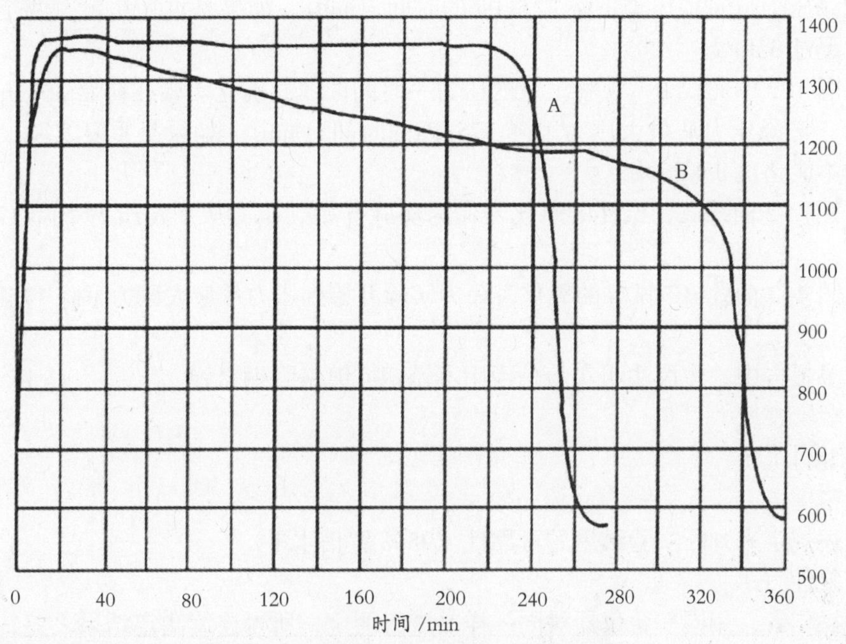

图 4–2 旋转氧弹实验的压力与时间曲线

4. 旋转速度：

在整个实验中，保持氧弹完全浸没并连续匀速地转动。标准转动速度为 100r/min ± 5r/min，任何可察觉到的转速波动都会导致错误的结果。

5. 实验终结

当压力从最高点下降超过 175kPa 时，实验结束。然而操作者也可以选择较小的降压，或选择预先定好的大概 100min 的实验时间来观察油品的情况以结束实验，100min 远远低于含抗氧剂新油的诱导期。

175kPa 的降压通常与诱导期法的快速降压相对应，但并不总是相对应，当不符合时，操作者要对实验的有效性提出疑问。

通常情况，最大压力在 30min 内达到，并且形成一个压力平稳阶段，然后可以观察到诱导期的快速压力降。图 4–2 中曲线 B，在诱导期法转折点达到之前，压力有一个平缓的降低，对此比较难评价。虽然一些合成油（液体）会产生此类型的曲线，但是压力的逐渐降低有可能是氧弹泄露造成的。如果怀疑有泄露，用另外一个氧弹重新做实验。如果重复实验仍然得出相同类型的曲线，则实验结果是有效的。

6. 氧弹的释放

实验结束后，从油浴中取出氧弹并冷却到室温。尽快将氧弹浸入轻质矿物油中并在里面搅几下，快速洗掉附着在上面的浴油。用热水清洗氧弹并在冷水中浸泡使其快速达到室温，也可以让氧弹在空气中冷却到室温。释放掉多余的氧压（这一点很重要，必须做到），再打开氧弹。

[结果报告]

结果表示：根据图 4–2 中曲线 A，观察记录的压力—时间曲线并确立曲线中的平稳压力。记录压力从平稳压力下降 175kPa 的时间（min）。如果是重复实验，两个最大压力之差不能超过 35kPa。

根据图 4–2 中曲线 B，观察记录的压力—时间曲线并确立实验在初始 30min 内达到的最大压力。记录压力从最大压力下降 175kPa的时间（min）。如果是重复实验，两个最大压力之差不能超过 35kPa。

根据图 4–2 曲线 A，试样的氧化寿命为实验开始到压力从平稳压力下降 175kPa的时间(min)。

根据图 4–2 曲线 B，试样的氧化寿命为实验开始到压力从最大压力下降 175kPa的时间(min)。

在结果报告中，建议注明实验是否用不锈钢或镀铬 – 铜氧弹。

[精密度]

1. 精密度

按下述规定来判断实验结果的可靠性（95% 置信水平）。

2. 重复性（r）

同一操作者，用同一台仪器对同一样品进行测定，所得连续测定结果之差，对于矿物绝缘油不应超过 23min，对于汽轮机油不应超过式（4–1）规定的数值：

$$r = 0.12X \quad (4\text{–}1)$$

式中：X—重复测定结果的算术平均值，min。

3. 再现性（R）

不同操作者，在不同实验室对同一样品进行测定所得两个独立的结果之差，对于矿物绝缘油不应超过 43min，对于汽轮机油不应超过式（4–2）规定的数值：

$$R = 0.22X \quad (4\text{–}2)$$

式中：X—两个独立测定结果的算术平均值，min。

润滑油氧化安定性的测定考评表

序号	考核项目	评分要素	配分	评分要点	扣分	得分	备注
1	实验准备	着装仪表	5	不穿戴实训服 披长发 穿高跟鞋、凉鞋			
2		任务书	10	书写规范 工作原理明确 设计方案完整			
3		仪器清点、清洗	5	仪器数量规格符合任务书 玻璃仪器表面水膜均匀			
4	实验过程	仪器安装	10	玻璃仪器使用是否规范 实验仪器是否破损			
5		试样处理	10	移取有外溅 转移有损失 称量准确 自我防护			
6	实验过程	实验操作	20	铜丝清洗、磨光 氧弹体、平盖和弹柄清洗 聚四氟乙烯盖子的清洗 氧弹组装、充氧，压力控制 油浴温度控制波动不≤2℃ 转动速度控制 记录压力和时间绘制曲线 氧弹的释放 独立完成操作			
7	实验报告	实验现场	10	清洁、整齐 橱柜物品排列整齐 实验台周围杂物			
8		实验结果	15	原始记录清晰 公式准确 数据完整 计算正确 修约准确			
9		实验报告	15	内容完整 字迹清晰 实验偏差在标准范围内 讨论问题准确、深刻、有意义			加分

随手记